U0518326

专利文献研究

智能制造和先进信息通信设备

2020

国家知识产权局专利局专利文献部◎组织编写

知识产权出版社
全国百佳图书出版单位
—北京—

图书在版编目（CIP）数据

专利文献研究.2020.智能制造和先进信息通信设备/国家知识产权局专利局专利文献部组织编写.—北京：知识产权出版社，2021.9

ISBN 978-7-5130-7682-1

Ⅰ.①专… Ⅱ.①国… Ⅲ.①专利—文集 Ⅳ.①G306-53

中国版本图书馆 CIP 数据核字（2021）第 177390 号

内容提要

本书收录了 2020 年优秀专利文献研究成果集中以智能制造和先进信息通信设备为专题的 10 篇论文，旨在通过对该专题的深入研究，传播、共享专利局各审查部门、各地审查协作中心的专利审查员、专利信息分析人员、专利布局研究人员的最新专利文献研究成果，不断共同推进我国专利文献专题研究。

责任编辑：卢海鹰　　　　　　　　　　责任校对：潘凤越

执行编辑：崔思琪　　　　　　　　　　责任印制：刘译文

封面设计：博华创意·张冀

专利文献研究（2020）
——智能制造和先进信息通信设备

国家知识产权局专利局专利文献部　组织编写

出版发行：知识产权出版社有限责任公司	网　　址：http://www.ipph.cn
社　　址：北京市海淀区气象路 50 号院	邮　　编：100081
责编电话：010-82000860 转 8730	责编邮箱：cuisiq@126.com
发行电话：010-82000860 转 8101/8102	发行传真：010-82000893/82005070/82000270
印　　刷：北京九州迅驰传媒文化有限公司	经　　销：各大网上书店、新华书店及相关专业书店
开　　本：787mm×1092mm　1/16	印　　张：11.5
版　　次：2021 年 9 月第 1 版	印　　次：2021 年 9 月第 1 次印刷
字　　数：242 千字	定　　价：60.00 元

ISBN 978-7-5130-7682-1

《专利文献研究（2020）》编委会

出版说明

习近平总书记 2020 年 11 月 30 日在中央政治局第二十五次集体学习中指出："创新是引领发展的第一动力，保护知识产权就是保护创新。"2020 年 12 月 10 日至 12 日举行的中央经济工作会议指出："要健全体制机制，打造一批有国际竞争力的先进制造业集群，提升产业基础能力和产业链现代化水平。"

2020 年，肆虐全球的新冠肺炎疫情给全球经济造成了极大冲击，知识产权在各个国家和地区的经济恢复中起到了重要的驱动作用。我国以知识产权与科技创新助力抗疫，在以知识产权与科技创新为基础的新业态、新模式、新技术影响下不断崛起，迎来新一轮发展契机。

《专利文献研究》系列丛书编写组自 2017 年起紧密围绕重点领域，邀请国家知识产权局专利局相关领域专利审查员开展专利技术综述撰写工作。《专利文献研究（2020）》丛书共分三册，收录了新冠肺炎和医疗器械、智能制造、先进信息通信设备 3 个技术领域的专利技术综述 24 篇。每篇专利技术综述均以作者检索到的特定技术领域的大量专利文献信息为依据，对该技术领域的发展路线、关键技术、重要专利申请人及发明人等信息进行分析整理，并在此基础上对该技术领域未来的发展趋势进行论述，旨在加快推动知识产权强国建设、研究特定产业技术发展的最新态势和专利状况、助力国家经济发展与科技创新。

可以预见，在后疫情时代，以知识产权与科技创新为代表的新经济业态竞争与博弈将会更加激烈。我国正处于由知识产权引进大国向知识产权创造大国转变的过程中，以创新驱动制造业发展从而推动产业升级是实现这一转变的重要组成部分。衷心希望本书的出版可以为相关领域的制造业从业者和专利工作者提供支持，为提高我国知识产权核心竞争力做出些许贡献。

《专利文献研究（2020）》编辑部

2021 年 6 月

目　　录

5G 非独立组网高层关键技术专利技术综述[*]

孙　凤　马文文　陈　思

摘　要　随着新型移动设备的增加，通信业务量不断增长、网络流量持续上升，现有的无线技术已无法满足未来通信的需求，由此，第五代移动通信技术（5G）应运而生。与第四代移动通信技术（4G）相比，5G 将支持更加多样化的场景，融合多种无线接入方式，并充分利用低频和高频等频谱资源，可以提供更优质的通信服务，满足更高的通信需求。而针对 5G 统一标准的制定工作也已在全球性通信技术组织"第三代合作伙伴计划"（3GPP）中展开。截至 2019 年底，5G 标准已完成并冻结两个阶段的标准版本。目前全球范围内启动的 5G 商用服务主要是基于第一个版本，即版本 15（Release 15，R15）非独立组网（NSA）模式。笔者对 5G 非独立组网模式的高层关键技术介质访问控制（MAC）技术和新空口无线资源控制（NR – RRC）技术的标准必要专利情况进行总体分析，获得这两个关键技术标准必要专利的申请趋势、专利布局、主要申请人和技术领域情况，以期为我国企业的后续研究及产业发展方向提供参考。

关键词　5G　NR　MAC　RRC

一、概述

（一）5G 简介

自 20 世纪 70 年代以来，移动通信从模拟语音通信发展成为今天能提供高质量移动宽带服务的技术，终端用户数据速率达到每秒数兆比特，用户体验也在不断提升。2015 年 2 月我国 IMT – 2020（5G）推进组❶发布的《5G 概念白皮书》从 5G 愿景和需求出发，分析归纳了 5G 主要应用场景、关键挑战和适用关键技术，提取了关键能力与核心技术特征并形成 5G 概念。[1]

---

* 作者单位：国家知识产权局专利局专利审查协作江苏中心。

❶ IMT – 2020（5G）推进组于 2013 年 2 月由工业和信息化部、国家发展和改革委员会、科学技术部联合推动成立，组织架构基于原 IMT – Advanced 推进组，成员包括中国主要的运营商、制造商、高校和研究机构。推进组是聚合移动通信领域产学研力量、推动 5G 研究、开展国际交流与合作的主要平台。

与4G相比，5G支持更加多样化的场景，融合多种无线接入方式，并充分利用低频和高频等频谱资源。[2-5]同时，5G还满足了网络灵活部署和高效运营维护的需求，大幅提升频谱效率、能源效率和成本效率，实现移动通信网络的可持续发展。2015年6月，国际电信联盟（ITU）将5G正式命名为IMT-2020，并且把增强移动宽带、高可靠低时延通信和大规模机器类通信定义为5G主要应用场景。图1-1展示了5G主要应用场景。

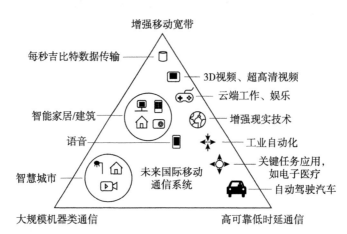

图1-1　5G主要应用场景

增强移动宽带，简称eMBB，主要表现在网络容量的提升，支持不同的设备同时进行大量的数据传输，该应用场景包括增强现实/虚拟现实（AR/VR）、社交网络、远程教育培训、无线家庭娱乐等需要超高清视频数据传输的领域。

高可靠低时延通信，简称URLLC，可以为用户提供接近100%的业务可靠性保证和毫秒级的端到端时延，用于车联网（自动驾驶）、远程医疗诊断、无人机以及智慧能源等领域。

大规模机器类通信，简称mMTC，其长处是让大量相邻设备同时享受顺畅的通信连接，应用场景大致分为以下几种：智慧农业、智慧城市、智能制造、智能家居等。

ITU还对5G提出了要求，这些要求至少要实现三个关键指标：

eMBB：峰值数据速率 $>10Gb/s$；

uRLLC：端到端延迟 $<1ms$；

mMTC：连接密度 $>1M/km^2$。

未来5G网络将向性能更优质、功能更灵活、运营更智能和生态更友好的方向发展。

（二）5G标准演进

当前，制定全球统一的5G标准已成为业界共同的呼声，ITU在2016年开展5G性能需求和评估方法研究，2017年底启动5G候选方案征集。3GPP作为国际移动通信行业的主要标准组织，主要承担5G国际标准技术内容的制定工作。

R15：作为第一阶段5G的标准版本，按时间先后顺序分为三个阶段，现已全部完成并冻结。如图1-2所示。

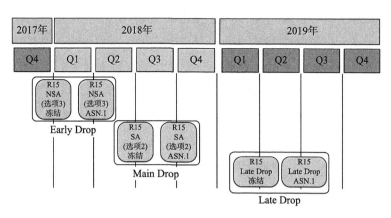

图1-2　3GPP 5G标准R15时间表

（1）早期交付（Early Drop）：支持5G NSA模式，系统架构选项采用选项3（Option 3），即4G基站（eNB）和5G基站（gNB）共用4G核心网（EPC），eNB为主站，gNB为从站，控制面信令走4G通道至EPC。该系统架构的优势是不必新增5G核心网（NGCN），利于运营商利用现有4G网络基础设施快速部署5G，抢占和覆盖热点。不过，由于5G信令全走4G通道，有EPC信令过载的风险，因此，该阶段主要解决初期的5G覆盖，对应的规范及抽象语法标记（ASN.1）在2017年第4季度、2018年第1季度已完成并冻结。

（2）主交付（Main Drop）：支持5G独立组网（SA）模式，系统架构选项采用选项2（Option 2），对应的规范及ASN.1在2018年第2季度、第3季度已完成并冻结。

（3）延迟交付（Late Drop）：2018年3月，在原有R15 NSA和SA的基础之上进一步拆分出第三部分，包含了考虑部分运营商升级5G需要的系统架构选项4（Option 4）、选项7（Option 7）、5G新空口双连接（NR-NR DC）等，对应的规范及ASN.1在2019年第1季度、第2季度已完成并冻结。

版本16（Release 16，R16）：作为第二阶段5G的标准版本，主要关注垂直行业应用及整体系统的提升，主要功能包括面向智能汽车交通领域的5G车用无线通信技术（V2X）、工业物联网、URLLC增强、基于NR的非授权频谱接入，以及增强型多输入多输出（eMIMO）、定位、双连接增强等的其他系统提升与增强，对应的规范及ASN.1在2020年7月已完成并冻结。

版本17（Release 17，R17）：2019年12月召开的3GPP RAN第86次会议确认批准R17的内容，包括侧行链路（Sidelink）增强，52.6GHz以上频段的波形研究、非陆地网络NR等，预计2021年12月完成并冻结。

（三）研究方法

目前，正在全球范围内启动的5G商用服务主要基于R15 NSA模式，因此对5G NSA的相关技术进行分析具有重要意义。MAC技术和NR-RRC技术是5G NSA模式下的高层关键技术，分别对应于标准TS38.321以及TS38.331，所以，笔者提取欧洲电信标准化协会（ETSI）于2019年11月底披露的标准必要专利中涉及这两个标准的专利，给出其申请趋势、重要申请人、申请地域［包括基础专利（Basic Patent）申请和同族专利（Family Patent）申请］和技术领域的情况，有助于业内人士了解这两个关键技术的专利布局现状。

二、专利分析

在5G NSA中，MAC技术和NR-RRC技术分别是阶段3（Stage 3）用户面和控制面的重要技术分支，对这两个技术分支的重要专利申请情况进行分析具有重要参考意义。笔者从申请趋势、申请人情况、申请区域和技术领域四个方面对这两个技术分支进行分析。

（一）MAC技术

笔者提取涉及TS38.321的标准必要专利，然后去除专利同族，保留基础专利并进行相应的去噪，最终获得总量为3424项的专利申请。通过对这些专利申请进行分析，获得了MAC技术的分析结果。

1. 申请趋势

对所有专利申请的申请日进行梳理，具体情况如图2-1所示。

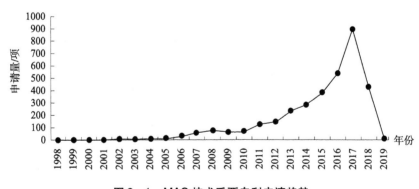

图2-1　MAC技术重要专利申请趋势

由图可知，从1998年开始有关于MAC技术的重要专利申请，但是在后续的12年间，申请数量变化缓慢，总量未超过300项；从2011年开始数据变化情况明显，2011～2014年，申请趋势相对平缓，年申请量均未超过300项。2015年申请量有所增加，接近400项。随着各个国家、各大通信公司和运营商积极参与5G的研究，2016～2018年的申请量明显增多，这三年的申请量占总申请量的54.12%。在2017年，申请数量达到峰值，接近900项，占总申请量的25.91%。2019年的申请数量较少，主要原因在于大部分专利申请还未被公开或披露。

早在1998年10月15日，高通公司提交的专利申请US09173572公开了一种备用多路接入（RsMA）技术，其针对随机接入过程中信道分配、功率控制和负载控制等问题提出了备用多路接入格式，并将访问消息分成两个不同的部分：请求部分和消息部分；在随机访问信道上发送请求部分，作为响应，分配一个备用访问信道，在备用访问信道上发送消息部分；采用备用访问信道，对访问探测的消息部分实行闭合环路功率控制。

诺基亚解决方案和网络公司（以下简称"诺基亚"）在1999年7月至10月提交了三项专利申请US09421054、US09363276、US09370737。US09421054为了防止随机接入过程中共同用于多个业务的信令信道的中断，提出了如下方案：在一个无线通信系统中，在一个公共的信令信道上业务信号在上行方向上分别从多个无线站发送到无线通信系统的一个基站；在另外一个信令信道上，在下行方向上信号从基站发送到无线站，业务等级按特征分配给各个业务；基站依赖于当前在公共的信令信道中确定的通信，形成选择继续处理的可能的业务等级，并且在另外的信令信道中向无线站发送信号。US09363276提供了一种用于接收分集的方法，通过第一天线接收第一接收信号，通过第二天线接收第二接收信号，将第一接收信号和第二接收信号从模拟格式转换成数字格式，得到数字信号值，检测数字信号值，定义数字信号值的质量等级以及评估设备评估质量水平，并且根据评估结果仅传输数字信号值的一部分，其降低了在软切换期间需要被传输的数据速率。US09370737提出了一种用于为无线通信设备和移动通信网络之间的数据传输连接分配资源的方法，其基于要用于传输的服务质量等级划分要传输的信息，为具有要使用固定资源的服务质量等级的信息的数据传输连接分配固定资源，以及为具有要使用动态资源的服务质量等级的信息的数据传输连接分配动态资源，该方法克服了现有资源分配方法无法维护服务质量水平或者造成资源浪费的问题。

上述四个专利申请都已被授权，并于2018年底或2019年到期失效，其研究的随机接入过程、传输可靠性以及资源分配方案仍然是5G的MAC技术中需要讨论的重要内容，说明以上技术方案具有极强的技术延续性，属于各代移动通信技术无法绕开的核心技术。

2. 申请人情况

图2-2列出了MAC技术的主要专利申请人的专利申请量情况。从图中可以看出，该技术的主要申请人均为企业，并且都是通信领域的知名企业。其中，华为技术有限公司（以下简称"华为"）的申请量为1189项，位居首位，约占总申请量的34.73%；中

兴通讯股份有限公司（以下简称"中兴"）和三星电子有限公司（以下简称"三星"）的申请量分别居于第二、三位，其中，中兴的申请量占总申请量的约18.49%。并且，所列出的8位主要申请人中有3家中国企业，分别为华为、中兴和大唐电信科技产业集团（以下简称"大唐电信"），这3家中国企业申请量占总申请量的60.72%，对5G中MAC技术的发展作出了重要贡献。

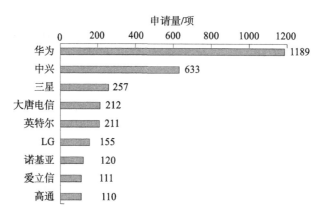

图2-2　MAC技术主要专利申请人的专利申请量

3. 申请区域

从专利申请区域的分布情况通常可以看出对不同市场的重视程度。本节在对基础专利申请区域的分布情况进行分析的同时，也对各同族专利的分布情况进行了简单分析，以获知MAC技术的初步布局区域以及后续辐射区域。

（1）基础专利申请区域

对基础专利的申请区域进行分析，具体情况如图2-3所示。

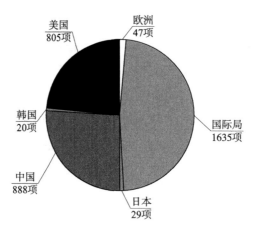

图2-3　MAC技术基础专利申请区域分布

从图中可以看出，基础专利主要在国际局提出，此种情况与各申请人均为通信领域的知名企业有关，这些企业都具备较强的专利布局意识。因为华为和中兴是MAC技术专利的主要申请人，并且所占比重很大，所以中国国家知识产权局的申请受理量也很大。除了美国本土企业高通和英特尔在美国专利申请量较大外，其他国家企业如华为、三星、LG、诺基亚等都在美国提交了大量申请，因此美国专利商标局的申请受理量位居第三。而韩国知识产权局、欧洲专利局以及日本特许厅的申请受理量则明显少于国际局和中美。

（2）同族专利申请区域

在提交基础专利后，各申请人通常还会在其他局提交专利申请，下面通过分析同族专利申请的区域分布情况来分析 MAC 技术的专利布局特点。具体情况如图 2－4 所示。

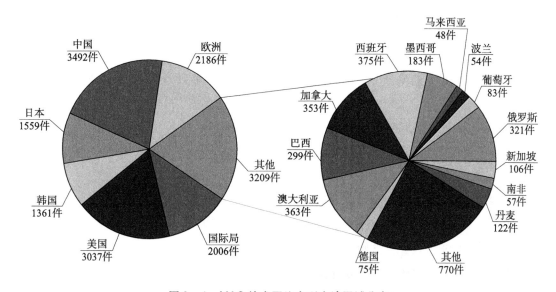

图 2－4　MAC 技术同族专利申请区域分布

由图可知，同族专利同样主要分布在国际局和五大局。虽然五大局之间的专利申请受理量仍存在差距，但是并未出现如基础专利分布所表现的中国国家知识产权局和美国专利商标局的申请受理量远超其他三大局的情况，可见，企业进行专利布局时，欧洲、日本和韩国仍是其不可忽视的重要市场。除此之外，瑞典、加拿大、澳大利亚、俄罗斯和巴西的市场也颇受重视，专利申请受理量也较高，并且从辐射的国家或地区可知，MAC 技术的专利布局非常广泛，基本遍布了常见的国家或地区。

4. 技术领域

本节提取各专利的国际专利分类（IPC）分类号，并对 MAC 技术的专利申请的技术领域分布情况进行分析。

图 2－5 示出了 MAC 技术的重要专利申请中 IPC 号的情况，其表明了 MAC 技术的专利申请的技术领域分布情况。

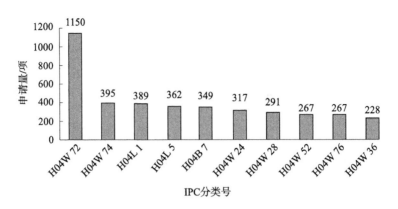

图2-5　MAC技术重要专利申请的主要技术领域

涉及的各IPC的大组的含义如下：

H04W 72/00　本地资源管理，例如，无线资源的选择或分配或无线业务量调度〔2009.01〕

H04W 74/00　无线信道接入，例如，调度接入或随机接入〔2009.01〕

H04L 1/00　检测或防止收到信息中的差错的装置（校正同步入 H04L 7/00，传输通道中的装置入 H04B）

H04L 5/00　为传输通道提供多用途的装置（一般多路复用通信入 H04J）

H04B 7/00　无线电传输系统，即使用辐射场的（H04B 10/00，H04B 15/00 优先）

H04W 24/00　监督，监控或测试装置〔2009.01〕

H04W 28/00　网络业务量或资源管理〔2009.01〕

H04W 52/00　功率管理，例如，TPC［传输功率控制］，功率节省或功率分级〔2009.01〕

H04W 76/00　连接管理，例如连接建立，操作或释放〔2009.01〕

H04W 36/00　切换或重选装置〔2009.01〕

从图2-5可以看出，排在前五位的IPC大组为 H04W 72、H04W 74、H04L 1、H04B 7 和 H04L 5。其中，H04W 72 居于首位，也就是说，在 MAC 技术中，针对无线资源分配或选择的专利申请量最多，远高于其他 IPC 大组的专利申请量，其与5G的研究热点半持续调度/免授权（SPS/GRANT-FREE）和调度请求（SR）有关，并且随机接入的大量研究也涉及资源调度过程。与研究热点随机接入对应的 H04W 74 则排在第二位。在通信领域，保证数据传输可靠性以及尽可能地对通道进行复用以提高传输效率一直是重要研究目标，这在5G中同样是研究重点，因此相应的专利申请量（分类号为 H04L 1 和 H04L 5）也较大。此外，H04B 7 所表示的无线电传输系统在多个分支领域都有涉及，申请量也比较大。

对位于前五的主要研究领域进行分析，得出 MAC 技术演进路线。具体情况如图2-6所示。

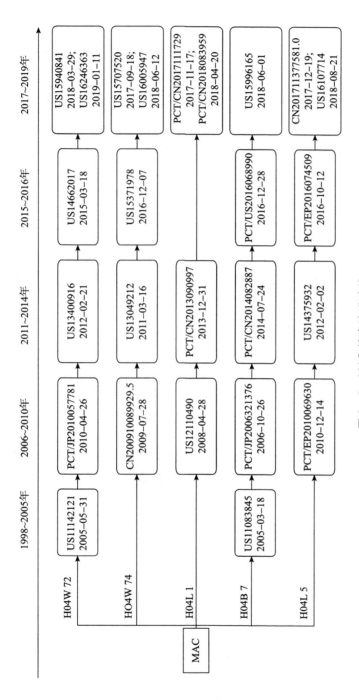

图 2 - 6 MAC 技术演进路线

图 2 - 6 中涉及的专利申请文件的技术方案如下。

（1） H04W 72

US11142121 在无线网络环境中基于移动装置需要和资源可用性向移动装置动态地补充资源指配；PCT/JP2010057781 在载波聚合通信中，基站在子带之间移动与其通信的移动通信设备；US13400916 在使用载波聚合的移动通信系统中基于定时器激活及去激活辅载波的方法；US14662017 通过授权频段及未授权频段对编码数据包的不同子集进行联合传输；US15940841 一种波束管理方法，设备通过第一载波频率向基站发送用于基站和用户设备（UE）之间的通信的第一波束相关联的请求，在第二载波频率中通信；US16246363 一种在 5G 通信系统中选择传输载波的方法，基于基站的配置信息，选择传输载波和资源池。

（2） H04W 74

CN200910089929.5 一种 UE 上行随机接入基站的方法，UE 使用基站指配的上行载波发送随机接入码；US13049212 通过在 UE 配置多个上行链路和下行链路分量载波，选择上行链路和下行链路分量载波以进行随机接入过程；US15371978 UE 识别满足发射功率条件的多个波束方向，并选择一个波束方向发送随机接入信号；US15707520 毫米波中两步随机接入信道规程，使用一个或多个波束来传送参考信号，经由一个或多个波束中的至少一个传送的与参考信号对应的随机接入信道前置码；US16005947 一种利用物联网和 5G 融合的通信系统，基于从基站接收的随机资源配置发送随机接入前导。

（3） H04L 1

US12110490 一种有效的重传方法，其分配用于传输数据的传输资源及用于重传数据的重传资源；PCT/CN2013090997 极性码的处理方法，通过组合循环打孔方式获取至少两种混合打孔模式，选择帧错误率最低的混合打孔模式，以降低帧错误率；PCT/CN2017111729 用于码本反馈以进行数据重传的方法，在上行授权信息前后分别接收第一下行链路信息和第二下行链路信息，基于上行授权信息指示的信息，反馈混合自动重传请求确认（HARQ ACK）；PCT/CN2018083959 一种 5G 场景信道编码的方法，通过根据信道的传输资源确定极性码长度，基于极性码长度对数据进行编码以获得目标编码数据。

（4） H04B 7

US11083845 移动站基于从基站接收的平均负载信息和反向活动信息，控制反向数据的速率；PCT/JP2006321376 移动站基于接收周期及接收停止周期来进行接收，以减少移动站功率消耗；PCT/CN2014082887 用户分别估计第一数据帧和第一导频的波束的信号干扰噪声比（SINR），以确定基站发送下一帧数据的波束的基本波束标识符；PCT/US2016068990 UE 与一个或多个传输接收点（TRP）之间形成波束关联，波束释放、波束改变或其组合；US15996165 基于接收的参考信号，选择保证最佳信道环境的最优发射或接收波束。

（5）H04L 5

PCT/EP2010069630 发射通信设备确定与载波相关联的控制元素，并将与控制元素相关联的载波标识符通过控制元素发送给接收通信设备，以使得接收通信设备确定控制元素的载波；US14375932 通过载波聚合与第一网络控制节点和第二网络控制节点通信，发送上行链路调度信息对第一网络控制节点和第二网络控制节点单独管理；PCT/EP2016074509 通过使用相同的时频资源在一个或多个下行链路发射波束上周期性发射多个随机接入许可信号；CN201711377581.0 按照预设的跳频图样或规则，在跳频图样指定的资源上进行前导码的发送；US16107714 在移动通信系统中使用多载波传输数据，在去激活次级定时提前组（S‐TAG）中的下行链路定时参考小区时，选择 S‐TAG 中其他激活的辅助小区为新的下行链路定时参考小区。

（二）NR‐RRC 技术

笔者使用同样的方法对 ETSI 中涉及 TS38.331 的标准必要专利进行提取和处理，然后去除专利同族，保留基础专利并进行相应的去噪，最终获得总量约为 6630 项的专利申请，并以此对 NR‐RRC 技术的专利申请情况进行分析。

1. 申请趋势

对所有申请文件的申请日进行梳理得到申请量变化趋势图 2‐7。同样的，1999 年开始出现关于 NR‐RRC 技术的重要专利申请，但是在后续的 9 年间，申请数量较少，总数约为 220 项，并且在 2011 年之前，申请趋势相对平缓，年申请量均不足 300 件。2011 年至 2015 年，申请量稳步上升，每年均增加 100 多项的专利申请。2015 年至 2017 年，申请数量大幅增加，并在 2017 年达到专利申请的高峰，2016 年和 2017 年两年申请量总和达 2837 项，占申请总量的 42.79%。这种申请趋势的变化与 MAC 技术的申请趋势类似，同样受到了 5G 技术研究热潮的影响。而 2019 年的申请数量较少，主要原因在于大部分专利申请还未公开或披露。

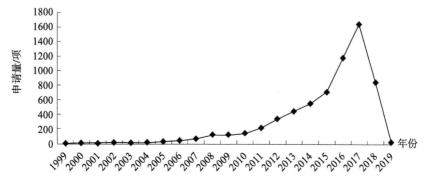

图 2‐7　NR‐RRC 技术重要专利申请趋势

图中最早（1999年）的四项专利申请都由诺基亚提交，这四项专利申请的技术领域和方案如下。

US09/762721 的技术方案中，至少一方监测是否已有要改变定时器值的需要，如果检测到该需要，则将定时器值设置为一个偏离初始值的值，此方案可以解决数据重发和切换过程中传输延时的变动有关的问题。

US09/370737 涉及一种用于为无线通信设备和移动通信网络之间的数据传输连接分配资源的方法，该方法中，将要发送的信息至少分为第一和第二服务质量等级，对于数据传输连接，根据服务质量等级分配固定资源或动态资源，在该服务质量等级中，将在数据传输连接中传输的信息分类。该方法避免移动通信系统中不必要的资源被分配，提高了网络容量。

EP19990955658 针对第三代移动通信技术（3G）移动无线系统切换过程中存在的快速测量和切换、干扰信号的降低以及基于移动站的定位等问题，提出了一种测量方法，其应用的无线通信系统具有时帧的时隙结构，多个基站中的一个将数据以无线数据块形式传输给其他的无线站中的一个，其中每个无线数据块有一个确定的信道测量序列，基站也将在至少一个时隙中发送确定的信道测量序列，而不发送数据块。

US09/421054 为了防止共同用于多个业务的信令信道的中断，提出了如下方案：在一个无线通信系统中，业务信号在一个公共的信令信道上在上行方向上分别从多个无线站发送到无线通信系统的一个基站；然而在另外一个信令信道上在下行方向上信号从基站发送到无线站，业务等级按特征分配给各个业务；基站依赖于当前在公共的信令信道中确定的通信形成选择继续处理的可能的业务等级，并且在另外的信令信道中向无线站发送信号。

由此可见，四个专利申请的技术方案涉及数据传输可靠性、切换过程的测量、资源管理或分配等多个技术的改进，这些技术仍是 NR - RRC 技术的研究重点。并且，在1999年之后的两三年中，诺基亚仍然是 NR - RRC 技术的重要专利申请人，充分体现了其对通信基础技术发展的准确预测。

2. 申请人情况

图 2 - 8 列出了 NR - RRC 技术的重要专利申请中主要申请人的专利申请量情况。

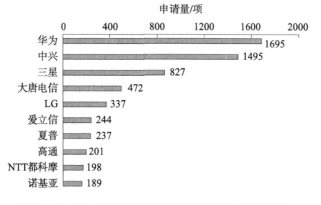

图 2 - 8　NR - RRC 技术重要专利申请的主要申请人

　　从图中可以看出，该技术的主要申请人同样均为公司企业，也都是通信领域的知名企业。其中，华为的申请量仍然位居首位，为1695项，约占总申请量的25.57%；中兴紧随其后，位居第二位，申请量1495项，占总申请量的22.55%；第三名为三星，其申请量约为827项。在图中所列出的10位主要申请人中，华为、中兴和大唐电信这三个中国企业仍然榜上有名，而且申请量都排在前五，仅华为和中兴两大企业的申请量就占据了该技术总申请量的48.11%，对5G中NR－RRC技术的发展同样作出了杰出贡献。

　　3. 申请区域

　　本节对NR－RRC技术的基础专利申请区域的分布情况以及同族专利的分布情况进行分析，以获知其初步布局区域以及辐射地域。

　　（1）基础专利申请区域

　　对基础专利的申请区域进行分析，具体情况如图2－9所示。

　　从图中可以看出，基础专利主要分布在国际局和中、美、欧、日、韩五大局，此外只有法国有一件专利申请，在国际局的专利申请量位居首位，此种情况与MAC技术的申请情况类似。由于华为、中兴和大唐电信是NR－RRC技术专利的主要专利申请人，并且所占比重非常大，因此中国的申请受理量也很大，位于第二位。除了中兴在美国的申请较少外，其他主要专利申请人都在美国提交了大量专利申请，因此美国的专利申请受理量位居第三。而韩国、欧洲以及日本的申请受理量相对较少。

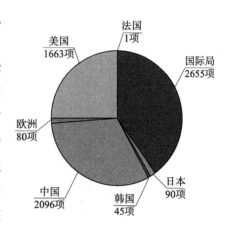

图2－9　NR－RRC技术基础
专利申请区域分布

　　（2）同族专利申请区域

　　通过分析同族专利申请的区域分布情况来分析NR－RRC技术的专利布局特点。

　　如图2－10可知，同族专利同样主要分布在国际局和五大局，并且由于在NR－RRC技术领域中，华为和中兴都是排在前列的专利申请人，所以，中国的专利申请受理量仍然是最多的，美国的专利申请受理量紧随其后，差距不大；其他三大局中，欧洲的专利申请受理量明显多于韩国与日本。此外，澳大利亚、俄罗斯、加拿大、巴西和西班牙的市场也颇受重视，专利申请受理量也较高。除了上述列出的地区外，还有20多个国家和地区也都有NR－RRC技术的专利申请，可见其专利布局非常广泛。

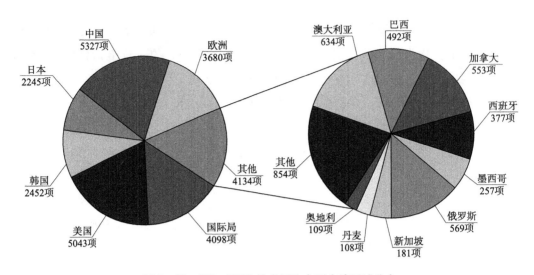

图 2 - 10　NR - RRC 技术同族专利申请区域分布

4. 技术领域

本节通过提取 IPC 分类号对 NR - RRC 技术重要专利申请的技术领域分布情况进行分析。

图 2 - 11 示出了 NR - RRC 技术的重要专利申请中 IPC 分类号的使用情况，表明了重要专利申请的技术领域分布情况。

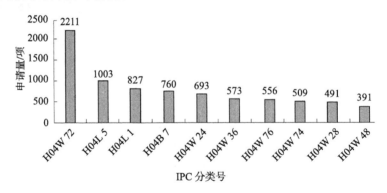

图 2 - 11　NR - RRC 技术重要专利申请的主要技术领域

主要涉及的 IPC 分类号与 MAC 技术的基本相同，在此补充 H04W 48/00 的相关含义，具体如下：

H04W 48/00 接入限制；网络选择；接入点选择〔2009.01〕。

从图中可以看出，排在前五位的 IPC 分类号为 H04W 72、H04L 5、H04L 1、H04B 7 和 H04W 24，其中，H04W 72 居于首位，也就是说，在 NR - RRC 技术中，针对无线资源分配和选择的专利申请量仍然位居榜首，比位于第二名的 H04L 5 多了一倍多；H04L 5 位居第二，位于第三至五位的三个领域申请量差距不大。

对排名前五的技术领域进行分析，得到 NR - RRC 技术的演进路线。具体情况参见图 2 - 12。

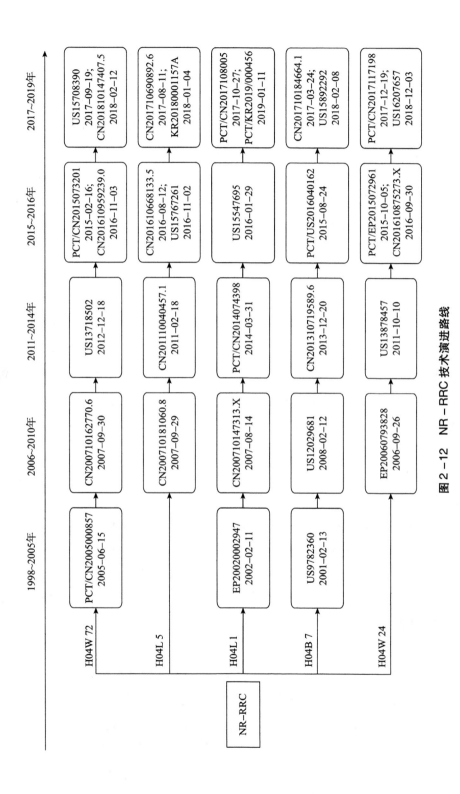

图2-12　NR-RRC技术演进路线

图中涉及的专利申请文件的技术方案如下。

（1）H04W 72

在 PCT/CN2005000857 中，通信资源在时域和频域分别被划分成多个时段和子带，将子带分为承载频率离散信道或频率集中信道；CN200710162770.6 将系统信息分成系统信息块，将系统信息块根据系统不同的应用场景动态映射到不同调度频度的调度单元上；US13718502 对具有相同基于竞争的无线网络临时标识的多个基于竞争的用户组，配置相同的一个基于竞争的上行授权；在 PCT/CN2015073201 中，基站将数据加权或共轭处理后映射到物理资源上；在 CN201610959239.0 中，基站则根据前导码的时域位置将终端需要的系统信息块发送给终端；US15708390 使用波束集合进行移动性管理；CN201810147407.5 提供灵活的小带宽资源分配策略。

（2）H04L 5

CN200710181060.8 提供连续资源分配信令的生成和解析方法；CN201110040457.1 分别基于第一分量载波和第二分量载波建立与第一基站和第二基站的演进分组系统承载；CN201610668133.5 配置 N 组同步信号和第一类信令消息的发送资源，并发送同步信号和信令消息；US15767261 提供在波束成型通信系统中发送或接收参考信号的方法；在 CN201710690892.6 中，网络设备通过波束或天线端口发送剩余最小系统信息（RMSI）；在 KR20180001157A 中，终端通过物理广播信道接收的主信息块接收公共搜索空间（CSS）的配置信息，通过 CSS 接收包括 RMSI 的下行链路控制信道。

（3）H04L 1

EP20020002947 在点对多点拓扑的传输系统中，定义了一种保护下游和上游地图中包含的信息的模式；CN200710147313.X 通过一个携带多个数据的信息状态，重传多个数据；PCT/CN2014074398 涉及极化码的混合自动重传请求（HARQ），在初传时，从 M 个极化码中选择与实际第一次传送码率相应的极化码；US15/547695 提供增强载波聚合系统的 HARQ - ACK 传输方法；PCT/CN2017108005 按照预设规则变更低密度奇偶校验码（LDPC）的比特流顺序，提高 LDPC 的抗突发错误能力；PCT/KR2019000456 使用 HARQ - ACK 码本传输 HARQ - ACK 的位置和比特数。

（4）H04B 7

US9782360 提供了在包括至少一个基站和几个无线终端的无线电信系统中定义测量间隙的方法；在 US12029681 中，发送端根据需要发送信道的特殊性质在预先约定的资源位置处发送控制信道，接收端在预先约定的资源位置处接收控制信道；在 CN201310719589.6 中，基站利用最优的上行接入信号对应的上行波束索引生成接入响应指示，并发出接入响应指示；在 PCT/US2016040162 中 UE 使用超大型物理上行链路共享信道（xPUSCH）处理调度触发器，以提供信道状态信息（CSI）和波束信息；在 CN201710184664.1 中，发送端确定用于指示接收端进行波束恢复的配置信息集合；在 US15892292 中，UE 可以识别用于与基站通信的一个或多个活动波束上的波束失败，以及 UE 可以向基站发送波束恢复消息。

（5）H04W 24

在 EP20060793828 中，接收器采用特定的接收强度和涉及该接收强度的信息来决定是否对以第二无线电频率发射的第二信号进行至少一次测量；在 US13878457 中，UE 基于最小化路测配置记录测量以收集所记录的测量，对基站的请求进行响应，响应包括可用性指示符和所记录的测量的一部分；在 PCT/EP2015072961 中，通信设备接收小区配置信息和小区交叠信息，对第一小区进行测量；在 CN201610875273.X 中，终端在向网络侧上报至少一个缓存状态报告（BSR）的同时，将上报的每个 BSR 对应的业务类型上报至网络侧；PCT/CN2017117198 网络设备生成 CSI 测量配置信息，CSI 测量配置信息包括 CAI 上报内容配置信息，CSI 上报内容配置信息对应至少一个传输方案；US16207657 终端从基站接收用于配置终端接收多媒体广播多播业务（MBMS）的配置信息，执行对 MBMS 信息的记录。

三、总结

5G 是目前最先进的移动通信技术，具有覆盖性能高、传输延时低、系统容量大等优势，多国均加速 5G 的商业应用过程。未来，5G 将不仅应用在媒体领域，还将更多地运用于与生活息息相关的各个领域，例如，智慧医疗、智能工厂、无人驾驶等。伴随着对该技术的研究，必然产生新的业务需求，这些需求不仅仅是大规模产品需求，还可能是个性化服务需求。因此，5G 与新业务的结合将会是研究的一个重点方向。

中国目前已经处于 5G 发展的第一梯队，在 5G 研究上取得的成绩有目共睹，但还面临着诸多问题与挑战，需要进一步增强对新技术的敏感度、提升研究成果质量、增强基础专利布局意识、加强 5G 与多领域融合，并开展 6G 研发工作。

5G 在我国的产业化进程也在加速进展，在产业化进程中，如何利用 5G 研发成果带来红利是个战略问题。要进一步推动 5G 产业化进程，建议从以下几个方面着手：

（1）完善产业布局，坚持开放合作与自力更生

完善产业布局，从顶层设计出发，解决制约我国自主创新的基础性、结构性、系统性的历史难题，助力我国 5G 高速发展。在 5G 产业布局中，应发挥我国已经取得的科学技术成果优势，将优势技术做大做强。同时对于我国研发薄弱环节，在自主创新的同时，应当加强国际合作与交流，以实现薄弱环节技术领域的突破。

（2）加速 5G 产业链成熟

在产业推动过程中，以技术研发实验为平台，促进系统、芯片、终端、仪表等各个产业链环节的加速成熟，以全面推进 5G 产业进程。

（3）以应用为本，拓展 5G 产业发展新空间

加快推进 5G 应用创新，大力培育 5G 在工业、农业、能源、交通、医疗等经济社会领域的融合应用，让 5G 在社会及经济发展中发挥实效，助力传统行业发展。

参考文献

［1］IMT － 2020（5G）推进组. 5G 概念白皮书［R/OL］.（2015 － 02 － 11）［2019 － 12 － 15］. https：// wenku. baidu. com/view/8a131165c281e53a5802ffbe. html.

［2］华为技术有限公司. 5G 时代十大应用场景白皮书［R/OL］.［2019 － 12 － 15］. https：//www － file. huawei. com/ － /media/corporate/pdf/mbb/5g － unlocks － a － world － of － opportunities － cn. pdf？ la = zh.

［3］未来移动通信论坛. 未来移动通信论坛 5G 白皮书［R/OL］.（2018 － 10 － 28）［2019 － 12 － 15］. https：//wenku. baidu. com/view/8ce24e44ba4cf7ec4afe04a1b0717fd5370cb203. html.

［4］中兴通讯股份有限公司. 5G 行业应用安全白皮书［R/OL］.（2019 － 08 － 30）［2019 － 12 － 15］. http：//ai. qianjia. com/html/2019 － 08/30_348562. html.

［5］华为技术有限公司. Vo5G 技术白皮书［R/OL］.［2019 － 12 － 15］. https：//www － file. huawei. com/ － / media/corporate/pdf/white%20paper/2018/vo5g － technical － white － paper － cn － v2. pdf？ la = zh.

5G 毫米波专利技术综述[*]

李普昕　方　婷[**]

摘　要　随着第五代移动通信技术（5G）的推进，毫米波技术作为 5G 的一个重要分支，是 5G 系统频谱战略的重要组成部分。通过引入毫米波频段，增加 5G 系统的可用带宽，满足 5G 系统对高容量、高速率、低时延的要求。针对毫米波在 5G 系统中的应用，对 5G 毫米波技术的研究也在不断推进。本文对 5G 毫米波技术的重要专利申请、专利申请趋势、主要专利申请人以及标准必要专利（SEP）进行统计分析，旨在为相关行业的技术研究和专利布局提供一定参考。

关键词　5G　毫米波　天线　大规模 MIMO　异构组网

一、5G 毫米波技术概述

毫米波（Millimeter Wave），一般指波长范围为 1～10mm，频率范围为 30～300GHz 的电磁波，该范围也可以被称为极高频（Extra High Frequency，EHF）范围。它位于微波与远红外波相交叠的波长范围，因而兼有两种波谱的特点。[1]20 世纪 40 年代的高精度雷达和 50 年代的远距离通信都曾推动毫米波技术的发展，但由于大气传播衰减没有得到大范围的应用。20 世纪 70 年代，随着毫米波传输线和毫米波有源/无源电路的技术突破，毫米波集成电路和毫米波固体器件得以批量生产。从 20 世纪 80 年代到 21 世纪初，毫米波通信进入蓬勃发展时期，毫米波波导通信、毫米波无线地面通信和毫米波卫星通信得以飞速发展，该时期的毫米波通信主要应用于气象雷达、空间通信、射电天文等方面。

毫米波通信技术的优点之一是可用的大量频谱带宽，这一优点可容许大量系统在毫米波频段工作而互不干扰。在毫米波频段，移动应用可以使用的最大带宽是 400MHz，数据速率高达 10Gbps 甚至更多，为超高速通信业务提供了可能。毫米波通信技术的另一优点在于毫米波的波长短，这一优点使得毫米波波束比微波波束窄、指向性更好、能够分

---

　　* 作者单位：国家知识产权局专利局专利审查协作北京中心。

　　** 等同于第一作者。

辨相距更近的小目标或者更为清晰地观察目标细节，适合短距离点对点通信。同时，毫米波波长短的特点使得天线增益高，从而可以降低发射功率，并且可以使元器件尺寸较小从而便于设备的集成和小型化。

随着无线通信技术的发展和无线网络的快速演进，移动通信业务对通信带宽和通信速率的需求急速提升，目前 Sub–6GHz 的频谱资源中已经很难再找到连续的大带宽频谱来支撑移动通信业务的超高数据速率传输。寻求合适的频谱资源来增加频谱带宽从而增加无线传输速率是解决当前需求的方案之一，[2] 已经比较成熟的毫米波技术使得毫米波频谱成为各大厂商可利用的新的频谱资源。

根据 2015 年国际电信联盟无线通信部门 5D 工作组（ITU–R WP5D）发布的 ITU–R M.2083–0 建议书，5G 系统将满足增强型移动宽带（eMBB）、海量机器类通信（mMTC）及低时延高可靠通信（URLLC）三大应用场景。[3] 毫米波通信技术中的许多特点也非常贴合人们制订 5G 系统的相关愿景。为了满足移动通信高容量、高速率、低时延的要求，在频谱资源越来越紧缺的情况下，开发使用在气象雷达、空间通信、射电天文等系统上的毫米波频谱资源成为 5G 的重点。同时，由于大规模"多输入多输出（MI-MO）"的概念，毫米波的短波长有利于大规模天线阵列的使用，而大规模 MIMO 的使用可以有效地增加阵列增益，从而减少毫米波衰落严重的问题，两者相辅相成，使得毫米波在 5G 系统中的应用得到了很好的技术支撑。[4] 当前 5G 系统的基本架构已经确定采用中低频段和毫米波频段相结合的通信方式。毫米波频段作为 5G 峰值流量的承载频段，是 5G 系统频谱战略的重要组成部分。目前 6GHz 以下 5G 系统已经得到全面商用，行业目光开始转向 5G 毫米波通信系统。产业链在毫米波高频器件性能、波束赋形和波束管理算法、链路特性等方面均开展了深入研究，运营商也已经开始从系统应用角度考虑 5G 毫米波部署和应用问题。[5]

根据全球性通信技术组织"第三代合作伙伴计划"（3GPP）发布的技术报告 3GPP TR 38.913 的定义，毫米波频段应用的场景包括室内热点、密集城区等。通过在专利数据库以及 3GPP 网站中的充分检索，对 5G 毫米波进行聚类分析，其主要涉及毫米波天线系统以及毫米波组网两个方面。

二、5G 毫米波技术发展现状

（一）5G 毫米波重点技术专利申请现状

本文在中国专利文摘数据库（CNABS）、中国专利全文文本代码化数据库（CNTXT）、德温特世界专利索引数据库（DWPI）、美国专利全文文本数据库（USTXT）、国际专利全文文本数据库（WOTXT）、欧洲专利全文文本数据库（EPTXT）中，根据技术分解表合理地扩展涉及 5G 的毫米波关键词，并结合分类号对 5G 毫米波重点技术相关专利申请进行检索，检索数据的采集时间截至 2020 年 4 月 30 日，共获得全球范围内的 5G 毫米波重点技术专利申请 4596 件。由于发明专利申请自申请日起满 18 个月公布，因此 2018 年下半年后申请的部分专利在检索终止日尚未公开，故本文按年统计的申请量分布中，2018～2020 年申请的专利统计数据不完全。

对全球及在华 5G 毫米波技术的历年专利申请量进行分析，图 1 示出了 5G 毫米波重点技术专利申请量的趋势。

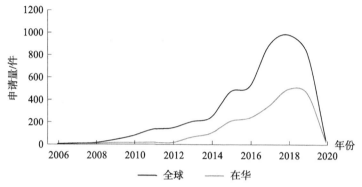

图 1　5G 毫米波技术的专利申请量趋势

从全球申请量来看，2009 年以前涉及 5G 毫米波技术的专利申请较少，技术发展缓慢。随着 5G 系统逐渐出现在人们的视线中，2011 年以后 5G 毫米波重点技术的专利申请量开始大幅攀升，呈现高速增长的态势，未来发展前景良好。

从在华申请量来看，其总体增长趋势与全球申请量的增长趋势一致，但比较全球申请量和在华申请量快速增长期的起点可以看出，5G 毫米波重点技术在华的研究及专利布局要晚于全球对 5G 毫米波重点技术的研究及专利布局。

从申请量占比来看，2017～2018 年间在华申请量占据了全球申请总量的近 50%，这表明中国是 5G 毫米波重点技术最主要的专利布局国家。

图 2 示出了全球 5G 毫米波技术主要专利申请人专利申请量统计结果。全球排名前十

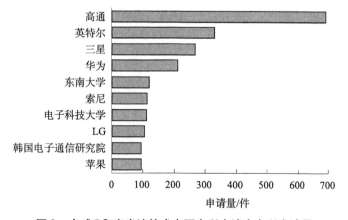

图 2　全球 5G 毫米波技术主要专利申请人专利申请量

的申请人分别是高通、英特尔、三星、华为、东南大学、索尼、电子科技大学、LG、韩国电子通信研究院、苹果。高通以 692 件专利申请位居第一，远高于其他申请人。中国主要申请人的专利申请量与外国主要申请人的专利申请量相比存在一定的差距，因此可能会在未来的商业竞争中处于劣势。

（二）5G 毫米波重点技术专利申请状况

随着 5G 的推进，毫米波与 5G 相结合的技术也在不断发展，在天线技术领域和组网技术领域都有相关的专利申请。

图 3 是 5G 毫米波的天线技术和组网技术的发展路线，通过对主要技术分支的梳理，有助于了解 5G 毫米波的技术发展脉络。

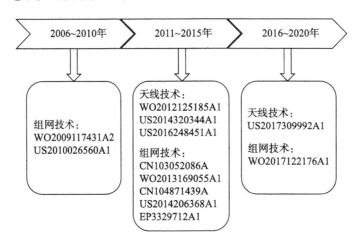

图 3　5G 毫米波专利技术的发展路线

1.5G 毫米波天线技术

（1）5G 毫米波天线技术发展趋势

图 4 示出了 5G 毫米波天线技术专利申请总量的趋势。对全球 5G 毫米波天线技术的历年专利申请量进行分析。从全球申请量来看，2013 年以前涉及 5G 毫米波天线技术的

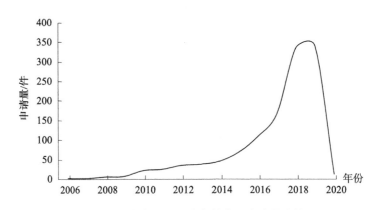

图 4　5G 毫米波天线技术的专利申请量趋势

专利申请量趋势比较平缓。随着 5G 系统的布局，2014 年以后涉及 5G 的毫米波天线技术的专利申请量呈现高速增长的态势，未来发展前景良好。

（2）5G 毫米波天线技术主要申请人

通过对 5G 毫米波天线技术在全球的专利申请人进行统计，确定该领域的主要申请人，见图 5。

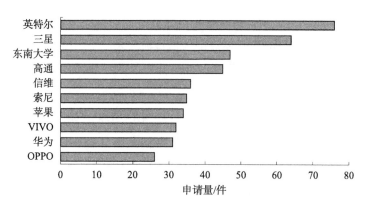

图 5　5G 毫米波天线技术主要申请人

由图 5 可见，在 5G 毫米波天线技术领域，排名前十位的为英特尔、三星、东南大学、高通、信维、索尼、苹果、VIVO、华为、OPPO，其中英特尔和三星的申请量处于第一梯队。国内东南大学在该领域排名靠前，研发实力不容小觑。

（3）5G 毫米波天线技术重要专利

重点毫米波天线是一项非常成熟的通信技术，传统结构的天线更易于应用到基站侧，而应用于移动终端的 5G 毫米波天线需要满足实现天线的宽频带、高增益，以及紧凑结构等特性，将阵列天线设计为适合移动终端装配，并保障毫米波在移动终端中的接收和传输是毫米波天线设计的重点之一。

WO2012125185A1，申请人是英特尔，申请日是 2011 年 10 月 1 日，具有 21 件同族专利。该专利申请涉及一种毫米波相控阵列天线，利用多个双极化天线元件，每个元件包括水平极化元件和垂直极化元件；在每个水平极化元件之间和在每个垂直极化元件之间提供相位偏移，避免了常规天线阵列需要有足够大间距的分隔才能实现必要的隔离和天线之间的空间分集，使其易安装于移动终端。

US2014320344A1，申请人是高通，申请日是 2012 年 5 月 7 日，具有 9 件同族专利。该专利申请涉及一种用于操作多个辐射元件的方法和设备，通过配置射频（RF）模块封装至少六个天线子阵列、RF 电路系统以及分立电子组件，在 RF 模块的多层式基板上制造该组件。所有天线子阵列共享接地层，允许 RF 模块保持紧凑的堆叠并缩短垂直信号布线，天线子阵列接收以及发射从 RF 模块的四侧传播的毫米波信号，每个辐射单元可以被独立地控制以使得能够使用波束形成技术，从而减少通过各种天线阵列的信号损耗，实现接收和传送 RF 信号的最小功率损耗以及最大无线电覆盖。

US2017309992A1，申请人是苹果，申请日是 2016 年 4 月 26 日，具有 7 件同族专利。该专利申请涉及一种毫米波天线，由印刷电路上的金属迹线形成。该印刷电路可以是包括多个堆叠基板的堆叠印刷电路。金属迹线可形成用于处理毫米波通信的相控天线阵列。天线沿外壳的边缘被安装在设备的拐角处、后外壳部分的上部和下部上，并且被安装在后外壳壁的中心，使得通过金属外壳中的电介质填充的开口或通过与设备相关联的其他电介质结构来辐射和接收信号，从而改善毫米波的通信传输。天线系统设计中，对天线收发机配置分开的电路系统、模块和电路板，会导致硬件组件增加，由于过多的硬件占用面积也随之增加。对于移动终端而言集成的 RF 模块的设计应当满足小尺寸、低功耗和轻重量等需求。

US2016248451A1，申请人是高通，申请日是 2015 年 8 月 28 日，具有 7 件同族专利。该专利申请涉及一种用于毫米波无线通信的收发机配置，收发机包括多阵列天线以及与天线阵列关联的收发机芯片模块，第二收发机芯片模块与第一收发机芯片模块分开，与第一收发机芯片模块的基带子模块电耦合，基于提供放置在分开的芯片模块上并且使用单个同轴电缆来连接两个收发机，减少硬件占用面积。

2. 5G 毫米波组网技术

毫米波组网技术主要涉及大规模 MIMO 技术和异构组网技术，以下针对大规模 MIMO 技术领域与异构组网技术领域进行分别统计。

（1）5G 毫米波组网技术中大规模 MIMO 技术

1）5G 毫米波组网大规模 MIMO 技术发展趋势

图 6 示出了 5G 毫米波组网大规模 MIMO 技术专利申请量的趋势。对全球 5G 毫米波组网大规模 MIMO 技术的历年专利申请量进行分析，从全球申请量来看，大规模 MIMO 技术起步较早，2014 年以前涉及 5G 毫米波组网大规模 MIMO 技术的专利申请量也是不断上升。随着 5G 系统的布局，2014 年以后 5G 毫米波组网大规模 MIMO 技术飞速发展，专利申请量呈现高速增长的态势，未来发展前景比较可观。

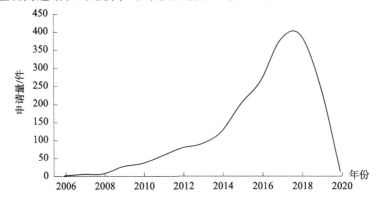

图 6　5G 毫米波组网大规模 MIMO 技术的专利申请量趋势

2）5G 毫米波组网大规模 MIMO 技术主要申请人

图 7 示出了 5G 毫米波组网技术中的大规模 MIMO 技术在全球的专利申请人排名情况。

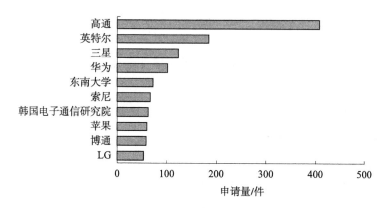

图7　5G 毫米波组网技术中大规模 MIMO 技术主要专利申请人

由图 7 可见，在 5G 毫米波组网技术涉及的大规模 MIMO 技术领域，排名前十位的申请人为高通、英特尔、三星、华为、东南大学、索尼、韩国电子通信研究院、苹果、博通、LG，其中高通的专利申请量为第一梯队。国内企业华为和科研院所东南大学在该领域排名也比较靠前。

3）5G 毫米波组网大规模 MIMO 技术重要专利

针对大规模 MIMO 的毫米波天线阵列，由于天线之间的相关性高，传统的 MIMO 信道模型已经不再适合大规模 MIMO 下的毫米波天线，在 5G 系统动态的场景下，毫米波信道的变化非常快，对波束管理的研究是组网大规模 MIMO 技术研究的重点。

CN103052086A，申请人是华为，申请日是 2013 年 1 月 22 日，具有 6 件同族专利。该专利申请涉及一种毫米波相控阵波束对准方法及通信设备，第一设备与第二设备通过低频段通信链路进行通信，确定搜索角度；第一设备在搜索角度指示的方向上发射第一毫米波信号对第二设备进行搜索；第一设备接收所述第二设备发送的反馈信息，第二设备在搜索角度指示的方向上接收到第一毫米波信号后发送反馈信息；第一设备在接收到反馈信息后，确定与第二设备在搜索角度指示的方向上实现毫米波相控阵波束对准，从而减少了波束搜索的盲目性，大大减小了波束扫描次数，提高了相控阵波束对准的效率。

WO2009117431A2，申请人是高通，申请日是 2009 年 3 月 17 日，具有 6 件同族专利。该专利申请涉及一种波束赋性的方法，通过构建具有循环前缀和 N 个子载波的快速傅里叶变换（FFT）的正交频分复用（OFDM）信令可以使用与以下传输相同的信道模型，接收从一个设备使用第一发射方向集发射的训练信号；从第一发射方向集导出优选发射方向，从而高效地实现波束成形。

US2010026560A1，申请人是三星，申请日是 2008 年 7 月 31 日，具有 14 件同族专利。该专利申请涉及一种预编码或多维波束形成方法，在数据净荷通信阶段，对多个输入流应用发射预编码操作，源站发送在空间域中由第一发射波束形成向量调制的训练序列；目的站接收由第一发射波束形成向量调制的训练序列，并从所述训练序列获得与所有先前接收波束形成向量正交第一接收波束形成向量，源站发送由不同发射波束形成向量调制的训练序列；目的站接收由不同发射波束形成向量调制的训练序列，并且从所述训练序列估计第二发射波束形成向量。通过多级估计最佳的多波束形成向量，从而实现多维波束发射预编码。

WO2013169055A1，申请人是三星，申请日是 2013 年 11 月 14 日，具有 10 件同族专利。该专利申请涉及一种使用模拟和数字混合波束成形的通信方法，通过接收包括用于混合波束成形的测量和选择条件的消息，测量多个基站传输波束的信道，基于信道测量选择传输波束，根据测量和报告条件估计用于所选的最终传输波束的有效信道矩阵，基于有效信道矩阵确定用于基站的数字波束成形的反馈信息，从而实现有效率地混合波束成形。

WO2017122176A1，申请人是爱立信有限公司，申请日是 2017 年 1 月 13 日，具有 3 件同族专利。该专利申请涉及用于多用户大规模 MIMO 系统的实用混合预编码方案，对毫米波多天线系统中的用户采用混合预编码，获取每个用户的模拟预编码权值；根据模拟预编码权值将所有用户分为频分复用用户组和待选用户组；将频分复用用户组作为一个虚拟用户，和待选用户组一起进行空分复用调度，通过不同复用方式的选择，能显著提升毫米波通信系统的吞吐量，降低空间复用用户间的干扰，提高频分复用用户的性能增益。

（2）5G 毫米波组网技术中异构组网技术

1）5G 毫米波组网技术中异构组网技术发展趋势

对全球 5G 毫米波组网技术中异构组网技术的历年专利申请量进行分析，如图 8 所示。从全球专利申请量来看，5G 毫米波的异构组网技术在 2013 年以前增长速度较为缓慢，随着 5G 系统的布局，相应密集组网技术的发展涉及 5G 毫米波的异构组网技术的专利申请量也不断上升。2014 年以后 5G 毫米波的异构组网技术进入了急速发展阶段，专利申请量同样呈现高速增长的态势，未来发展态势十分可观。

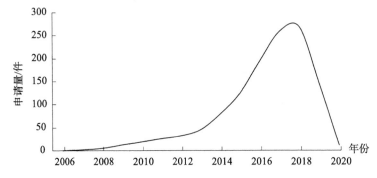

图 8　5G 毫米波组网技术中异构组网技术的专利申请量趋势

2）5G 毫米波组网技术中异构组网技术主要申请人

通过对 5G 毫米波组网技术中异构组网技术在全球的专利申请人排名进行统计分析，获取 5G 毫米波组网技术中异构组网技术主要专利申请人，见图9。

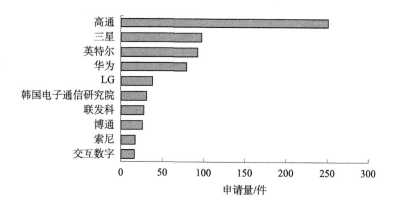

图 9　5G 毫米波组网技术中异构组网技术主要专利申请人

如图 9 所示，在异构组网技术中，排名前十位的专利申请人为高通、三星、英特尔、华为、LG、韩国电子通信研究院、联发科、博通、索尼、交互数字，其中高通在该领域的申请量同样比较突出，处于第一梯队。三星、英特尔、华为的申请量比较接近，处于第二梯队。国内企业在该领域同样需要加大研发力度以及相应的专利布局。

3）5G 毫米波组网技术中异构组网技术重要专利

利用毫米波小基站/微基站组网时，由于毫米波的频谱高、传输损耗大，毫米波小基站/微基站的覆盖范围比较小，因此，结合 5G 系统的异构密集组网技术，提供合适的小区覆盖与传输路径，可以满足 5G 系统中大容量性以及高速度传输的需求。

CN104871439A，申请人是英特尔，申请日是 2014 年 1 月 20 日，具有 12 件同族专利。该专利申请涉及经由共用天线阵列的无线回程和接入通信的设备、系统和方法，利用毫米波通信频带为相对较大的覆盖区域提供无线连接。利用独立的天线系统，一个或多个天线阵列专用于通过回程链路的通信，一个或多个天线阵列专用于通过接入链路的通信，限制环境中的干扰。通过无线回传的方式，由多基站通过相互协作的方式将用户数据传输至核心网。

US2014206368A1，申请人是苹果，申请日是 2014 年 1 月 22 日，具有 9 件同族专利。该专利申请涉及一种数据传输方法，毫米波小基站采用频点较高的毫米波频段覆盖相对较小的区域，在宏基站覆盖范围内，利用毫米波小基站进行中继传输，布置多个毫米波小基站进行热点覆盖，由宏基站集中调度。基站根据信道状态信息（CSI），确定将第一数据转发给第一终端需要经过的传输路径；基站根据传输路径，将资源分配信息和第一数据通过至少一个小基站发送给第一终端。通过按照调度的传输路径进行统一封装，可以有效简化转发节点的处理，从而减少时延。

EP3329712A1，申请人是英特尔，申请日是 2015 年 11 月 19 日，具有 7 件同族专利。该专利申请涉及一种毫米波笔形小区，用户设备（UE）可以从一个或多个小小区接入点接收接入点参考信号，将参考信号质量测量发送到宏小区演进型基站（eNB），eNB 指示候选笔形小区的消息，最优笔形波束集可以根据 UE 与小小区无线访问节点（AP）之间的传播信道的动态变化，从而在毫米波 UE 与无线接入网之间建立可靠的、能量高效和/或高数据率的通信路径。其有效解决了利用毫米波小基站/微基站组网时，由于毫米波的频谱高、传输损耗大，毫米波小基站/微基站的覆盖范围比较小，需要对毫米波小基站/微基站进行快速小区部署。

（3）5G 毫米波重点技术

通过对 5G 毫米波天线技术和组网技术的全球申请趋势和在华专利申请趋势进行统计，总结分析两种技术的发展状况。

图 10 ~ 图 11 分别示出了 5G 毫米波天线技术和组网技术全球及在华专利申请趋势。从图中可以看出，随着 5G 的推进，5G 毫米波天线技术和 5G 毫米波组网技术的专利申请量不断增长。毫米波组网技术分支专利申请量高于毫米波天线技术分支专利申请量，这一方面是由于毫米波天线技术前期发展已比较成熟，另一方面是随着 5G 相关技术的演进和发展，针对 5G 应用场景的毫米波组网技术成为热点研究方向。

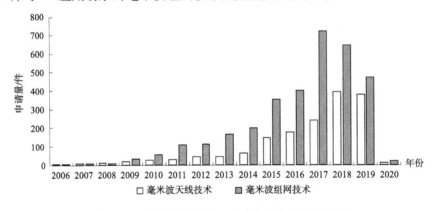

图 10　5G 毫米波重点技术分支全球专利申请趋势

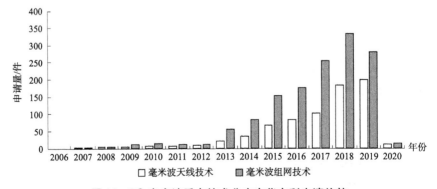

图 11　5G 毫米波重点技术分支在华专利申请趋势

（三）5G 毫米波技术专利申请类型及保护现状

在对 5G 毫米波重点技术专利布局分析中，首先，对 5G 毫米波重点技术专利申请的类型进行分析。

图 12 示出了全球 5G 毫米波重点技术专利申请的专利类型占比，其中发明专利申请占总量的 94.43%，实用新型专利申请占 5.57%。图 13 示出了在华 5G 毫米波重点技术专利申请的专利类型占比，其中发明专利申请占总量的 90.73%，实用新型专利申请占 9.27%。可见，相比而言全球 5G 毫米波重点技术专利布局更倾向于选择发明专利申请类型。

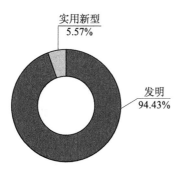

图 12 全球 5G 毫米波重点
技术专利申请类型占比

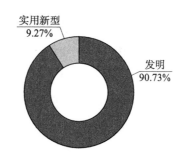

图 13 在华 5G 毫米波重点
技术专利申请类型占比

专利的法律状态包括授权有效专利、在审专利申请和失效专利申请。通过计算各状态下的专利数量的占比，能够在一定程度上体现出专利申请的质量和申请人对该专利的重视程度。图 14 反映了 5G 毫米波重点技术在华专利申请的法律状态，其中授权有效专利的占比为 21.96%，失效专利申请占比为 2.78%，在审专利申请占比为 75.26%。从整体上看，在审专利

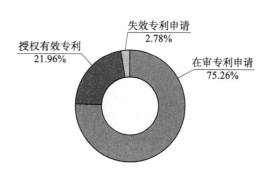

图 14 在华 5G 毫米波重点
技术专利申请法律状态

申请占比较高，说明 5G 毫米波重点技术近几年发展较快，申请量增长速度较快，2017 年以后专利申请量大幅度增加，大量的专利申请尚处于在审状态。

三、5G 毫米波技术标准必要专利分析

（一）标准必要专利声明情况

标准必要专利（Standards Essential Patents，SEP）是包含在国际标准、国家标准或行

业标准中，且在实施标准时必须使用的专利。2019 年德国专利数据库公司 IPLYTICS 发布了 5G 专利报告，报告分析了 5G SEP 的增长状况、5G SEP 领先持有人、企业对 5G 的技术贡献，并对 5G 的专利管理提出了相应的建议。由于 SEP 的不可替代性，其在技术层面来讲存在不可规避性，拥有越多的 SEP，也就在所属领域拥有更多的话语权和主动权。

图 15 示出 5G 毫米波技术在全球的专利申请中声明 SEP 的专利申请占比，其中在全球范围内声明 SEP 的专利申请占全部专利申请的 8.18%。随着标准技术的演进，预计后续声明的 SEP 的专利申请将会不断增加。

图 16 对 SEP 申请的递交途径进行了统计，世界知识产权组织（图中以 WO 指代）受理的专利申请量占比 29%，其次为美国专利商标局（图中以 US 指代）受理的专利申请量（占比 23%），中国国家知识产权局专利局（图中以 CN 指代）受理的专利申请量（占比 17%），欧洲专利局（图中以 EP 指代）受理的专利申请量（占比 11%），日本特许厅（图中以 JP 指代）以及韩国知识产权局（图中以 KR 指代）受理的专利申请量（分别占比 6%）。

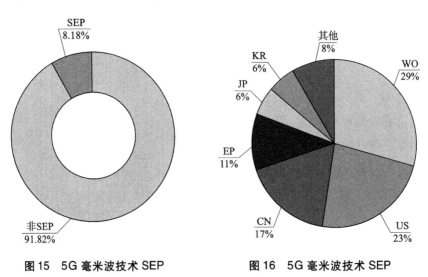

图 15　5G 毫米波技术 SEP
专利申请占比

图 16　5G 毫米波技术 SEP
专利申请递交方式占比

根据《专利合作条约》（Patent Cooperation Treaty，PCT）的规定，专利申请人可以通过 PCT 途径递交国际专利申请。递交 PCT 国际专利申请的申请人可以利用国际检索对其提交的国际专利申请的前景进行初步评估，在收到国际检索报告后，还可在规定的期限内向国际局提出修改国际申请的权利要求书，并结合实际情况，如技术发展方向，决定是否进入国家阶段。对于重要的技术，可通过 PCT 国际专利申请的方式，在全球范围内进行专利布局。

从 2012 年欧盟研发 5G 的"METIS 项目"的启动，到 2015 年 3GPP 标准化组织与业界多个通信组织针对5G潜在技术方案及标准化工作计划的讨论与启动，与标准密切相关的各项技术也在不断研究发展。通过图17涉及5G毫米波技术SEP的专利申请趋势可见，2012年的专利申请中声明SEP的申请量出现一个小的上升波动，到2015年正式确定启动5G时，申请量开始急速上涨。

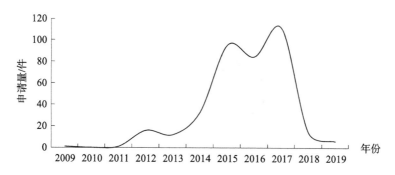

图17　全球5G毫米波技术SEP专利申请变化趋势

图18示出了全球5G毫米波重点技术SEP专利申请排名前十的申请人。由图18可见，在5G毫米波SEP专利申请中，高通公司依然保持了比较大的优势，这与该公司一直主推毫米波有着密切关系。根据德国专利数据库公司IPLYTICS发布的5G专利报告，截至2019年4月，国内企业华为在5G通信系统SEP的部署中已经占据了龙头位置。但就毫米波技术而言，目前专利申请量还存在差异，随着5G系统中毫米波技术的不断发展，国内企业在该领域也需要加大布局。

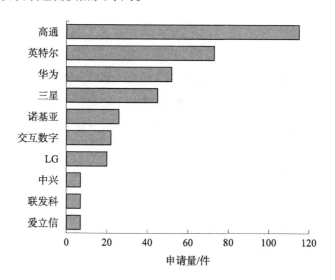

图18　全球5G毫米波技术SEP专利申请主要申请人

（二）SEP专利申请对标情况

图19示出了5G毫米波技术声明的SEP对应的3GPP标准号所对应的专利申请量，其中一件专利申请可声明多个对应的3GPP标准号，例如华为提交的公开号为

CN105637939A，发明名称为"终端、基站、基站控制器及毫米波蜂窝通信方法"的发明专利申请，声明的 ETSI（欧洲电信标准组织）标准为：New Radio（NR），New Radio；声明涉及 13 个标准号：TS 37. 340、TS 38. 211、TS 38. 212、TS 38. 213、TS 38. 214、TS 38. 215、TS 38. 300、TS 38. 321、TS 38. 323、TS 38. 331、TS 38. 413、TS 38. 423、TS 38. 473。

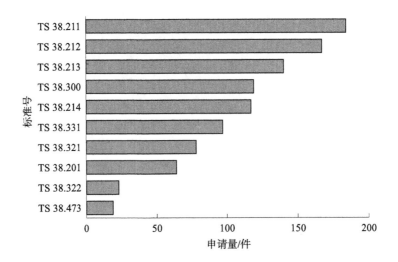

图 19　5G 毫米波技术 3GPP 标准号对应的 SEP 专利申请量

3GPP 5G 标准中，5G 毫米波技术相关的专利申请对标量排在首位的为 3GPP TS 38. 211（NR 物理信道和调制），3GPP TS 38. 211 定义了帧结构和物理资源，主、辅同步信号，以及上行和下行参考信号等相关规范。其属于 3GPP 5G 标准中 7 个涉及物理层的标准之一，其他六个为：3GPP TS 38. 201（NR 物理层概述）、3GPP TS 38. 202（NR 物理层提供的服务）、3GPP TS 38. 212（NR 复用与信道编码）、3GPP TS 38. 213 ［NR 物理层过程（控制）］、3GPP TS 38. 214 ［NR 物理层过程（数据）］、3GPP TS 38. 215（NR 物理层测量）。通过上图可以看出，排名前五的有四个都属于物理层标准。5G 毫米波技术相关的声明 SEP 的专利申请大部分都对应于物理层标准，属于比较核心的基础技术。

（三）SEP 专利申请保护现状及运营情况

5G 毫米波技术涉及声明 SEP 的专利申请类型均为发明专利申请，由于大量的专利申请时间靠后，因而大部分的专利申请都处于在审状态，

如图 20，在全球范围内，在审专利申请占比 67. 16%，授权有效专利占比 30. 22%，失效专利申请仅占 2. 61%。如图 21，在华范围中，尚无失效专利申请，在审专利申请占比 93. 75%，授权有效专利占比 6. 25%。可见申请人对 SEP 专利申请的重视程度较高，专利质量普遍较好。

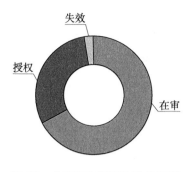 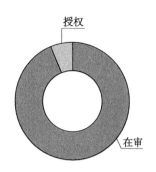

图 20　全球 5G 毫米波技术 SEP　　　　图 21　在华 5G 毫米波技术 SEP
专利申请法律状态　　　　　　　　专利申请法律状态

通过对是否进行转让、质押、许可等操作进行统计分析发现，5G 毫米波 SEP 专利申请尚未出现许可和质押的情况，但存在多次转让专利运营活动，转让人为英特尔公司，受让人为苹果公司，专利申请全部涉及 5G 毫米波组网技术领域，其中主要涉及大规模 MIMO 技术。该专利运营活动主要源于英特尔公司在宣布退出智能手机通信处理器市场后，出售了部分通信专利等资产，而苹果公司在经历了和高通公司的专利纠纷案后，需要相应的专利补充自己的专利池。苹果公司通过专利运营获取了英特尔公司的相关专利技术，不仅能够进一步提升专利持有量，还可以提高市场竞争力。专利许可、转让、质押融资、作价入股等活动都属于常见的专利运营活动，对于国内的企业而言，除了通过不断地技术研发提高专利持有量，还可以通过有效的专利运营途径，加大符合自身发展的专利布局力度，形成针对本技术领域的专利防护，不仅可以解决对技术的需求，而且也能获得市场竞争优势。

四、结束语

随着 5G 在全球范围内的全面商用，毫米波作为 5G 关键技术，是国内外研究的重点，近些年来与此技术相关的专利申请量逐年攀升，竞争越发激烈，国内外企业和科研院所都期望在该领域占据一席之地。

通过对 5G 毫米波重点技术相关专利申请的申请趋势、主要申请人、专利申请质量进行统计，对各重点技术分支的相关专利申请进行分析，可以看出国内外企业和科研院所对于毫米波天线系统和网络架构都有相应的技术研发。在毫米波天线技术方面，天线器件通过简化天线器件的制造工艺、轻量化器件的体积、优化装配布局提升天线性能，在毫米波组网技术方面，通过优化的预编码和波束赋形技术形成信号能量聚焦、加大信号增益以及降低波束训练开销，提升波束跟踪效率保证通信质量。同时，通过小区的灵活部署、无线回传、干扰协调、小区虚拟化等技术实现异构网络优化的研究也是当前研究的热点，国内申请人可以在这些方面加大研发力度。

此外，随着5G相关标准的推动，与标准相关技术的专利布局也非常重要。本文通过对 5G 毫米波 SEP 相关的专利申请进行统计分析，为相关行业的技术研究和专利布局提供参考。

参考文献

［1］阮成礼. 毫米波理论与技术［M］. 成都：电子科技大学出版社，2001.

［2］PI Z，KHAN F. An introduction to millimeter‐wave mobile broadband systems［J］. IEEE Communications Magazine，2011，49（6）：101‐107.

［3］ITU‐R. ITU‐R M. 2083‐0 建议书：IMT 愿景——2020 年及之后 IMT 未来发展的框架和总体目标［R/OL］.［2020‐04‐15］. https：//wenku. baidu. com/view/888c2fe8ec630b1c59eef8c75fbfc77da369977d. html.

［4］尤力，高西奇. 大规模 MIMO 无线通信关键技术［J］. 中兴通讯技术，2014，20（2）：26‐28.

［5］张忠皓，夏俊杰，李福昌，等. 5G 毫米波产业发展现状和应用场景分析［J］. 通信世界，2020（2）：30‐33.

基站天线专利技术综述*

马　丽　　宋美静　　龙　平　　巫吟荷

摘　要　本文主要对基站天线相关专利，尤其是天线形式和第五代移动通信技术（5G）基站天线进行了分析。本文介绍了基站天线概况、基站天线发展历史和发展方向及研究现状，分析了基站天线的全球专利申请状况，初步了解基站天线领域的专利申请总体情况，从技术角度对基站天线形式进行梳理，形成了天线形式的技术演进趋势，并分析了5G领域热门的大规模多进多出技术（Massive MIMO）及毫米波（mm－Wave）技术相关专利，得出基站天线产业及技术整体分析的结论。

关键词　基站天线　偶极　贴片　阵列　5G

一、概述

移动通信产业是目前世界上发展最快，并且最富有活力的领域之一。基站天线作为移动通信系统的子系统，是用来连接移动通信用户和基站设备的枢纽，它的作用主要是实现自由空间传播的电磁能量与无线电设备中的高频电流（或电磁）能量的相互转换，与此同时还要根据设备的用途和技术指标要求，使电磁波的能量能够在指定区域内进行传播。天线已成为网络演进的关键，天馈现代化将为运营商提供更高容量、更快建网速度、更智能的运维效率。[1-3]因此对于基站天线的研究有着相当重要的意义。

（一）基站天线技术发展

基站天线是伴随着网络通信发展起来的，工程人员根据网络需求设计不同的天线，因此在过去几代移动通信技术中，天线技术也一直在演进。图1－1为移动通信基站天线的技术演进。

＊作者单位：国家知识产权局专利局专利审查协作江苏中心。

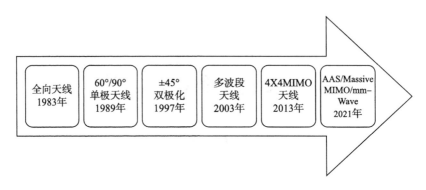

图1-1　移动通信基站天线的技术演进

第一代移动通信技术属于模拟系统，用户数量较少，传输速率也较低，采用全向天线就可以实现小区覆盖。这个时期的天线主要以单极天线为主。第二代移动通信技术，则进入了蜂窝时代。1997年，双极化天线开始走上历史舞台。从第三代移动通信技术（3G）开始到第四代移动通信技术（4G），天线双极化技术都是无线通信核心技术之一。

2.5G（从2G迈向3G的衔接性技术）和3G时代，出现了很多多频段的天线，例如全球移动通信系统（GSM）、码分多址（CDMA）等需要共存。4G时代，随着对通信容量要求的不断提升，明显的变化就是基站塔架上的天线数量和馈线明显增多了。多进多出（MIMO）技术能够显著提升通信容量，基站天线也进入了一个新的时代。

发展至如今，5G时代已经开启，基站天线有两大趋势，第一是从无源天线到有源天线，这意味着天线会向着智能化、小型化、定制化发展；第二个趋势是天线设计的系统化和复杂化，例如Massive MIMO和毫米波技术的引入，这些都对天线系统设计的宽带化、高增益、高辐射效率、小型化指标提出了很高的要求。

（二）数据检索及处理

1. 数据来源

采用的专利文献数据主要来自外文数据库（VEN）、英文全文库如美国专利全文文本数据库（USTXT）、国际专利全文文本数据库（WOTXT）、欧洲专利全文文本数据库（EPTXT）等以及中国专利全文文本代码化数据库（CNTXT）。专利文献的检索截止日期为2020年5月6日。

除非对专利申请提前公布，专利申请一般在申请日后18个月公布，2018年10月后提交的专利申请可能尚未公开。因此，本报告的专利分析仅基于已经公开的专利申请，2018～2020年度的申请数据仅供参考。

2. 数据检索

基于分类号和关键词检索得到基础数据，由于基站天线没有特定分类号，因此通过分类号统计并结合以往检索经验确定了相关分类号。对于检索词的选取，由于基站天线的相关表达并不多，因此选择了所有基站天线的相关表达。主要使用的检索词列举如下：

中文：基站、天线、辐射单元、辐射元件；

英文：BASE STATION、eNodeB、Node B、B/S、gNodeB、gNB；

分类号：H01Q 1/36、H01Q 19/10、H01Q 21。

3. 数据处理

检索过程中由于仅采用基站天线作为关键词进行扩展，因此会带来较大噪声，为了确保数据量全面，并未采用其他关键词，而是采用了相关重要分类号进行筛选，经过筛选获得了 7122 篇文献。考虑到相关噪声文献容易通过附图浏览或者摘要概览来滤除，因此并未通过检索滤除相关噪声，而是在标引阶段进行手动去噪。经过去噪，全球范围内基站天线技术领域中已经公开的专利申请总量为 3546 件。

二、基站天线专利申请状况

为充分了解与基站天线相关的专利申请的整体状况，以下将针对基站天线的专利申请状况进行分析。

（一）专利申请状况

为掌握基站天线技术领域的专利申请的整体情况，这里将重点研究全球专利申请量变化趋势、中国企业全球申请量变化趋势、申请人排名情况等。

1. 专利申请趋势

图 2-1 为全球基站天线专利申请趋势，基站天线技术相关的专利申请趋势主要分为以下阶段。

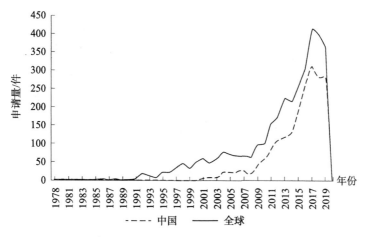

图 2-1　全球基站天线专利申请趋势

（1）起步期（1990年之前）

1990年之前，在相当长的一段时期里，基站天线技术领域在全球范围内的年度专利申请量均为个位数。这一时期的专利申请文件中均未提及第一代移动通信技术（1G）、第二代移动通信技术（2G）等概念，说明基站天线还处于起步阶段。

（2）缓慢增长期（1991～2008年）

国外最早从1978年就开始有基站天线相关的专利申请了，国内直到2000年才开始有相关专利申请，起步较国外晚了20年左右。这一时期基站天线技术领域的年度申请量呈现出缓慢增长的态势，2G技术基本已经成熟，3G、4G基站天线仍处于发展阶段。

（3）快速增长期（2009年至今）

2009～2017年，基站天线技术领域的年度申请量整体增速相比前一时期有明显提高。这一时期，大量出现针对3G、4G设计的基站天线相关专利申请，表明3G、4G基站天线的发展已进入成熟阶段。并且5G相关专利申请也逐渐出现在人们的视野中。

2018～2020年，出现大量5G相关专利申请，2018年之后的很多专利申请尚未公开，因此2018年后的数据仅作为参考，尚无法完整统计。

2. 国外申请人

图2-2为全球基站天线专利申请量前十位申请人。从全球专利申请量排名来看，国外的日本电信电话公司、爱立信等排名靠前，国内企业中华为、京信通信在数量上领先，构成贡献申请量的第一梯队。

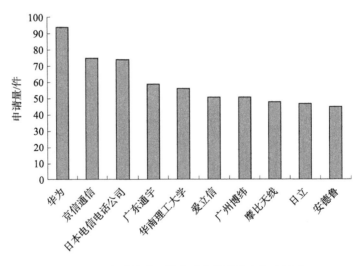

图2-2 全球基站天线专利申请量前十位申请人

（二）竞争区域

1. 技术原创国家/地区

技术原创国家/地区代表该专利技术最初诞生的国家，能够在一定程度上体现某国家/地区的研发实力。图2-3为基站天线主要原创国家/地区的专利申请分布。从图2-3可以看出，技术原创国家/地区排名前五位的依次为中国、美国、日本、韩国、欧洲。在全球专利申请中，来自中国的专利申请量最多，占全球专利申请总量的62%。

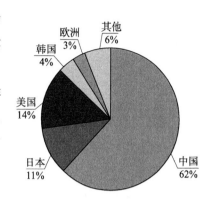

图2-3 基站天线主要原创国家/地区的专利申请分布

2. 目标市场国家/地区

专利申请目标市场国家/地区代表了全球的技术研发者最终选择在哪些国家/地区申请专利，可以在一定程度上反映该技术最终应用的市场。图2-4为基站天线向主要目标国家/地区提交的专利申请分布。可以看出，全球专利的主要申请目的地是中国、美国、世界知识产权组织、日本、欧洲、韩国。

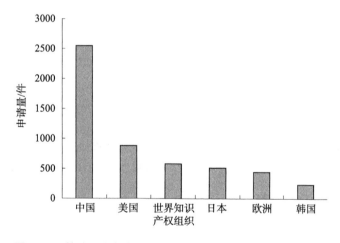

图2-4 基站天线向主要目标国家/地区提交的专利申请分布

3. 技术流向

技术流向图代表了不同国家之间专利技术的流向分析，可以反映出不同国家对该专利技术的进出口情况。图2-5为主要国家/地区的专利申请流向分布。

可以看出，虽然中国申请人在本国进行了大量的专利申请，但是进入其他国家/地区的专利申请量较少，可见基站天线方面中国的专利申请较多集中在本国，对于国外市场的专利布局较少。而美国申请人在本国申请了较多专利申请的同时，也向其他国家/地区提交了较多的专利申请，可见其更注重全球市场的专利申请布局。

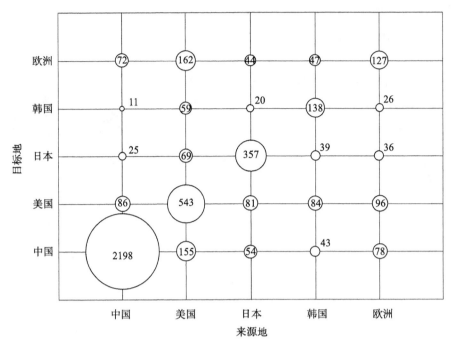

图2-5 基站天线主要国家/地区的专利申请流向分布

注：图中数字表示申请量，单位为件。

三、基站天线重点技术方向分析

（一）基站天线形式

近年来，基站天线技术的发展越来越成熟，基站天线中的天线形式多种多样，随着移动通信1G～5G的发展，基站天线不仅需要满足新的频段的要求，还需要能够兼容前一代甚至前几代移动通信的频段，因此如何设置基站天线的形式以满足各代移动通信频段的要求显得越来越重要。

1. 基站天线形式

对于基站天线来说，2G～4G移动通信所工作的频段为数百MHz至数GHz，可采用典型的辐射单元，偶极作为天线辐射器。此外，可以工作于这个频段内的贴片天线、缝隙天线、单极天线和嵌套组合天线以及其他天线形式，例如八木天线、环天线、螺旋天线、介质谐振器天线、对数周期天线、分形天线等也可以用作天线辐射单元。图3-1为基站天线形式分类。图3-2为基站天线形式专利申请量分布。从图中可以看出，71%的基站天线专利申请为简单高效的偶极天线，占据了基站天线形式的绝大部分。贴片天线、嵌套组合天线、缝隙天线、单极天线分别以18%、3%、2%、2%的比例分列其后。

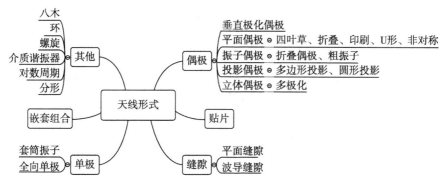

图 3 - 1　基站天线形式分类

　　其中，偶极天线的相关改进也是最多的，包含垂直极化偶极、平面偶极、振子偶极、投影偶极和立体偶极。贴片天线通常由微带贴片天线构成辐射单元。缝隙天线采用缝隙作为辐射单元。单极包括全向单极和套筒振子构成的单极天线。嵌套组合包含两种形式的天线组合在一起的结构。其他天线形式包括八木天线、介质谐振器天线、螺旋天线、对数周期天线等。

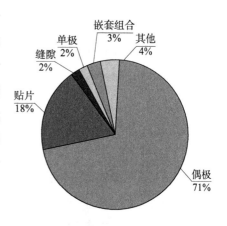

图 3 - 2　基站天线形式专利申请量分布

　　2. 基站天线形式的发展历史

　　图 3 - 3 为基站天线形式发展变化情况，基站天线是伴随着移动通信的业务需求发展起来的，工程人员根据网络的需求设计符合特定需要的天线。到了 2G，我们才进入了采用数字移动通信技术的蜂窝时代，由于蜂窝网络存在扇区的划分，这一阶段的天线辐射单元逐渐演变成了方向性的。实现方向性的主要手段是设置反射板。20 世纪 90 年代末期，双极化天线（±45°交叉双极化天线）开始走上历史舞台。这时候的天线性能相比上一代有了很大的提升，双极化天线显著提升了系统的容量，并能保持紧凑的天线尺寸。到了 2.5G 和 3G 时代，因为下一代的通信系统需要兼容上一代通信系统，所以多频段天线是一个必然趋势。在 4G 时代，MIMO 技术是最显著的特征。在不增加带宽的情况下成倍地提高通信系统的容量和频谱利用率，是现代移动通信领域的重要技术突破。由于 MIMO 技术要求每个收发天线之间形成一个 MIMO 子信道，因此采用 MIMO 技术的天线通常具有众多的天线辐射单元。在即将到来的 5G 时代，中国的华为公司走在了时代前列，在全球首次推出了 Massive MIMO 商用样机。其在水平角扫描基础上还可以实现俯仰角扫描，把理论上的 3D - Beamforming 变为了现实。

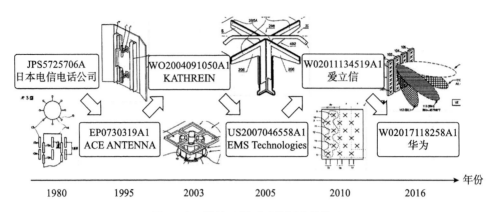

图3-3　基站天线形式发展变化情况

（二）5G基站天线技术

1.5G基站天线技术概况

经过筛选，得到5G基站天线技术相关专利申请365件。图3-4为5G基站天线技术专利申请趋势，5G基站天线技术的专利申请最早出现在2015年，2017年呈现爆发式增长，此后呈现出基本匀速的增长态势。

图3-5为5G基站天线技术专利申请量排名前十的专利申请人。由图可知，在5G基站天线技术领域，专利申请数量排名前十的申请人中，中国申请人占据了8席。

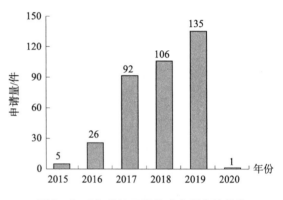

图3-4　5G基站天线技术专利申请趋势

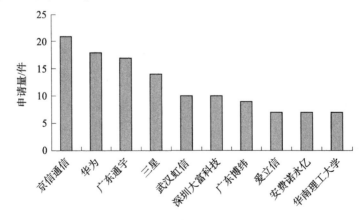

图3-5　5G基站天线技术专利申请量排名前十的专利申请人

图3-6为5G基站天线技术国际专利分类（IPC）排名。由图3-6可以看出，5G基站天线技术专利申请主要集中在以下几个技术分支上：

H01Q 1/50　　　·天线与接地开关、引入装置或避雷器的结构联结

H01Q 21/00　　天线阵或系统（产生一个波束，其指向性或方向性图的形状能改变或变化的入）〔1, 2006.01〕

H01Q 1/38　　　··在绝缘支架上由导电层构成的（一般导电体入 H01B5/14）

从 IPC 角度的技术分支来看，5G 基站天线的分支与 3G、4G 并无较大差异。

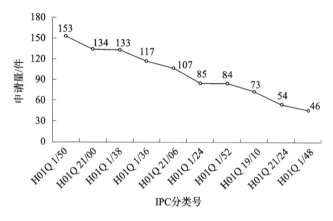

图 3-6　5G 基站天线 IPC 分类号排名

图 3-7 为 5G 基站天线专利申请人区域排名。由图 3-7 可以看出，5G 基站天线技术相关专利申请的申请人主要分布在国内，其次分布在美国、韩国等。就申请数量而言，中国申请人申请数量是排名第二的美国的四倍多。

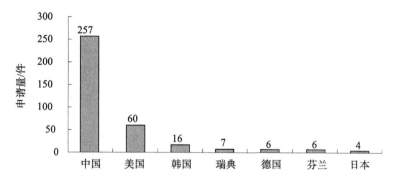

图 3-7　5G 基站天线专利申请人主要区域排名

图 3-8 为 5G 基站天线专利申请人区域申请趋势。由图 3-8 可以看出，5G 基站天线相关专利申请在我国呈现逐年上涨的申请趋势，而紧随其后的美国、韩国、日本并无明显增长的趋势。

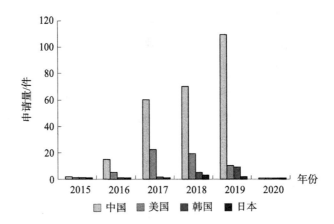

图3－8　5G基站天线专利申请人区域申请趋势

2. Massive MIMO 技术

在5G时代，为了对空间资源进行更深层次的挖掘与利用，提升移动通信系统的频谱效率、能量利用率等提出了 Massive MIMO（Large－Scale MIMO）与毫米波技术。[4-6]

图3－9 为 Massive MIMO 技术专利申请趋势。由图可知，2015 年开始出现 Massive MIMO 技术的相关专利申请，自 2015 年以来，相关专利申请数量基本呈增长趋势。

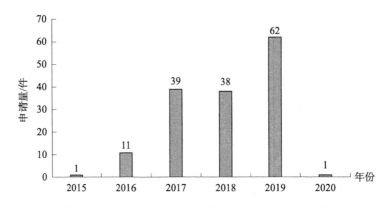

图3－9　5G基站 Massive MIMO 技术专利申请趋势

图3－10 为 Massive MIMO 技术专利申请量排名前十的申请人。由图可知，Massive MIMO 技术相关专利申请主要集中在国内申请人手上，国外申请人中，仅韩国三星位列前十。

3. 毫米波技术

毫米波频率大约在30GHz～300GHz 之间，不仅可以克服现有无线信号电磁干扰的问题，还可以提高信号带宽。第3代合作伙伴计划（3GPP）对5G引入 Massive MIMO 的动机做了很好的总结：随着移动通信使用的无线电波频率的提高，路径损耗也随之加大。基于这个事实，就可以通过增加天线数量来补偿高频路径损耗，而又不会增加天线阵列的尺寸。

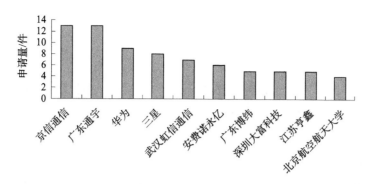

图3-10　5G基站 Massive MIMO技术专利申请量排名前十的申请人

由图3-11 5G基站毫米波技术专利申请趋势可以看出，2015年开始出现毫米波技术相关专利申请，2017年达到峰值，2018～2019年也有不少专利申请。由于2018年之后的相关申请可能处于尚未公开的状态，这可能是2018～2019年专利申请数量略微下降的因素之一。

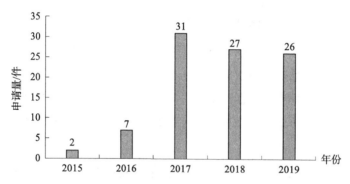

图3-11　5G基站毫米波技术专利申请趋势

图3-12为5G基站毫米波技术专利申请量排名前十的专利申请人。与 Massive MIMO技术不同，毫米波技术专利申请量排名前十的专利申请人中，有6位为国外申请人。且来自韩国的三星、美国的英特尔排名位于前列。

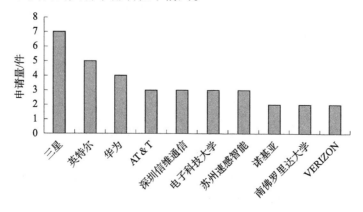

图3-12　5G基站毫米波技术专利申请量排名前十的专利申请人

四、结语

通过对全球和中国专利申请的总体状况、申请趋势、申请人、技术原创国家/地区、目标市场国家/地区、技术流向等进行定量的专利统计分析，尤其重点分析了 5G 基站天线相关技术和专利申请情况，了解了基站天线总体技术研究状况，得出基站天线产业及技术整体发展状况。

全球专利申请保持持续增长态势，中国专利申请快速增长，国内企业逐步成为国内基站天线市场的主要供应者。全球基站天线的专利申请量在 2008 年前呈现缓慢增长的态势，而在 2009 ~ 2017 年间，全球专利申请量快速增长，中国虽然起步较晚但是后期专利申请量增长迅速。预期近几年内基站天线的全球申请量仍将持续增长。

全球主要申请人以中、美、欧、日、韩等的企业为主，中国企业占据了主要地位，国内申请人的科研创新能力有所提升，专利布局活跃，但缺少全球范围内的专利布局。中国、美国、欧洲、日本和韩国是提交专利申请的主要来源国家/地区，主要申请人基本上是该国家/地区的龙头企业。国内企业虽然介入基站天线领域的时间较晚，但是近年来有了长足的发展，目前已经基本掌握了行业的核心技术，国际竞争力逐步增强。国外企业除了在本国家/地区提交了大量涉及基站天线的专利申请外，均比较重视在美国、欧洲、日本这些专利保护体系比较成熟的消费市场的专利布局。相比较而言，多数中国企业的国际专利布局不足。

5G 时代，核心技术是第一竞争要素，行业集中度不断提升，国内天线厂商在全球竞争地位日益提高，5G 将成为天线行业发展的分水岭。总体来看，在 5G 基站天线领域，国内申请人占据多数，华为、京信通信、广州通宇、武汉虹信通信等国内厂商占据前列，国内厂商全球占比不断提高。从 Massive MIMO 技术相关专利分析来看，Massive MIMO 技术相关专利申请主要集中在国内申请人手上。而毫米波技术相关专利申请人排名在前的为韩国的三星、美国的英特尔。5G 技术驱动行业格局不断变革，国内天线厂商应通过加大研发投入，不断突破核心技术壁垒，提高国际竞争力。

参考文献

［1］张平，陶运铮，张治. 5G 若干关键技术评述［J］. 通信学报，2016，37（7）：15 - 29.

［2］黄海峰. 5G 将带来天线产业巨变［J］. 通信世界，2016（2）：34.

［3］ANDREWS J G, BUZZI S, WAN C, et al. What will 5G be? ［J］. IEEE Journal on Selected Areas in Communications, 2014, 32（6）: 1065 - 1082.

［4］LU L, LI G Y, SWINDLEHURST A L, et al. An overview of massive MIMO: benefits and challenges

［J］. IEEE Journal of Selected Topics in Signal Processing, 2014, 8 (5): 742 – 758.

［5］ LARSSON E G, EDFORS O, TUFVESSON F, et al. Massive MIMO for next generation wireless systems ［J］. IEEE Communications Magazine, 2014, 52 (2): 186 – 195.

［6］ HOYDIS J, BRINK S T, DEBBAH M. Massive MIMO in the UL/DL of cellular networks: how many antennas do we need? ［J］. IEEE Journal on Selected Areas in Communications, 2013, 31 (2): 160 – 171.

设备到设备（D2D）通信关键技术专利技术综述[*]

陈　思　吴倍骏　周　健　朱佳利

摘　要　通过对设备到设备（Device to Device，D2D）通信技术相关专利申请与第3代合作伙伴计划（3GPP）标准提案的标引与梳理，确定需要分析的三个关键技术即D2D同步技术、D2D发现技术和D2D资源分配技术。并针对上述三个关键技术，对其相应的专利申请与3GPP标准提案进行数据分析，梳理其中的重要专利申请人、3GPP标准提案人及其区域分布，以及三个关键技术在专利申请、标准提案中的发展状况，聚焦D2D通信技术从4G到5G的技术演进路线。

关键词　D2D　同步　发现　资源分配

一、概述

（一）研究背景

第四代移动通信技术（4G）系统从几年前的兴起到如今在中国乃至全球都得到了广泛的部署，它提供了在任何时间、任何地点都能接入的通用宽带移动服务。然而更加多样和复杂的宽带服务需求推动着当前移动通信标准更加紧密地集成各种无线通信技术，从而向新一代的移动通信系统也就是第五代移动通信技术（5G）系统演进。D2D通信技术由此应运而生，伴随着D2D通信技术的引入，系统的吞吐量和频谱利用率得到了很大的提升，扩大了小区的覆盖半径，使得小区边缘用户的通信质量得到改善。D2D通信技术可以改变传统蜂窝网络单一的"设备－基站－设备"的通信模式，引入了"设备－设备"的通信模式，使用"设备－设备"的模式来承载本地服务的数据流量，从而减轻基站和核心网的负担。

（二）研究对象

D2D通信技术作为5G的关键候选技术之一，受到了众多通信企业及研究机构的关

---

* 作者单位：国家知识产权局专利局专利审查协作江苏中心。

注，并积极参与其标准的制定和专利的布局。为使得 D2D 通信系统能够稳健地运行，研究 D2D 通信的关键技术是必不可少的工作。[1-3]其中，D2D 同步是实现 D2D 通信的前提，用户设备（User Equipment，UE）先完成同步后，再进行 D2D 设备发现以进行业务通信，并通过 D2D 通信资源分配抑制了设备间的干扰。因此在研究 D2D 通信技术的道路上，作为 D2D 通信三大关键技术的 D2D 同步、D2D 发现、D2D 资源分配一直是人们研究 D2D 通信的热点技术。

（三）研究方法

采用的文献数据主要来自专利数据库及 3GPP 标准提案中与 D2D 同步技术、D2D 发现技术和 D2D 资源分配技术相关的技术文献。

其中，专利文献数据主要来自中国专利文摘数据库（CNABS）、外文摘要数据库（VEN）中的专利申请，检索截止日期为 2020 年 4 月 30 日。D2D 同步、D2D 发现、D2D 资源分配的检索式及检索量分别如下：

D2D 同步：CNABS 307，（D2D or 设备到设备）s 同步；VEN 204，（（D2D or device to device））s synchron + not（CNABS 转库 VEN）；

D2D 发现：CNABS 579，（D2D or 设备到设备）s 发现；VEN 428，（（D2D or device to device）s discover + ）not（CNABS 转库 VEN）；

D2D 资源分配：CNABS 533，（D2D or 设备到设备）s 资源分配；VEN 565，（（D2D or device to device）s resource allocate + ）not（CNABS 转库 VEN）。

并对专利文献数据进行标引剔除噪声。

标准提案数据来自 3GPP TSG RAN WG1 72b# - 78b#、80b# - 82#、88b - 90 会议中针对 D2D、增强型 D2D（eD2D）、进一步增强 D2D（FeD2D）中与 D2D 同步、D2D 发现、D2D 资源分配相关的标准提案。

二、D2D 关键技术分析

（一）专利申请、标准提案状况

1. D2D 同步

将 D2D 通信技术引入长期演进（Long Term Evolution，LTE）系统后，D2D 通信将会与 LTE 通信共享时频资源，同时 LTE 系统中的同步技术可以作为 D2D 同步信号设计的一个参考。网络中的节点地位平等、相互协作，每个节点既能发送信息又能充当路由器转发信息，实现终端之间的直接通信。[4-6]

以下，通过对 D2D 同步的重要专利申请人和标准提案人、专利申请人和标准提案人的区域分布、专利申请和标准提案的时间分布等的进一步研究来剖析 D2D 同步技术。

图 1 为专利申请量排名前 20 的 D2D 同步专利申请人，LG 以 73 件位居第一，比专利申请量较排名第二、第三位的华为、三星高出约 30 件，爱立信、中兴、高通位居第四到第六位。图 2 为标准提案量排名前 20 的 D2D 同步标准提案人，其中高通以 78 件标准提案位居第一，LG、三星分别以 74 件、67 件标准提案位居第二、第三位，前三位的标准提案人的标准提案数量相当。可见在 D2D 同步方面，LG、三星等韩国企业对专利布局和 3GPP 标准制定都非常重视，而高通、英特尔等美国企业更侧重于 3GPP 标准推进工作。中国的华为、中兴等企业在专利申请量以及标准提案量的排名均在前十名内，可见中国企业积极参与通信标准的制定，并且对专利布局也比较重视。欧洲、日本的企业虽然个体在专利申请量和标准提案量上排名不算靠前，但其上榜的企业数量较多，发展较为均衡。

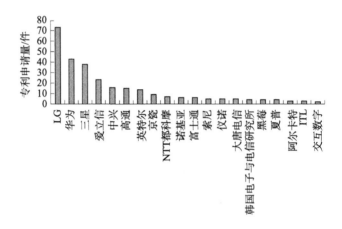

图1　专利申请量排名前 20 的 D2D 同步专利申请人

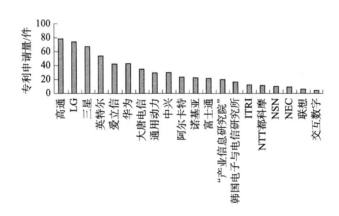

图2　标准提案量排名前 20 的 D2D 同步标准提案人

图 3 为 D2D 同步专利申请人的区域分布，韩国的专利申请量位居第一，较位居第二的中国高出 6.4%，两者相加总和达到了总申请量的 2/3，美国申请量占比 14.7%，位居

第三，日本和欧洲占比相对较少。图 4 为 D2D 同步标准提案人的区域分布，在 3GPP 标准提案量方面，美国的标准提案量位于第一，而位居第二、第三的中国、韩国的标准提案量与美国相差不大。

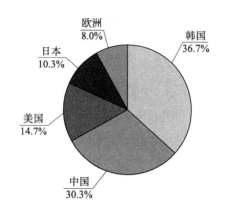 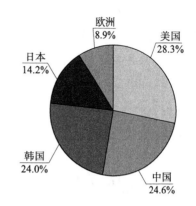

图 3　D2D 同步专利申请人的区域分布　　图 4　D2D 同步标准提案人的区域分布

图 5 为 D2D 同步专利申请量的历年分布情况。可以看到专利申请量在 2011 年到 2019 年是一个先增涨后减少的趋势，从 2011 年开始涉及 D2D 同步的内容，2011 年和 2012 年专利申请量比较少，2013 年专利申请量增加，2014 年到达顶峰，随后的两年专利申请量有所回落，在 2017～2019 年 D2D 同步的相关专利申请已经很少。

图 6 为 3GPP 会议中 D2D 同步标准提案量分布情况。从图 6 中可以看出，73#～79#会议对 D2D 同步技术的讨论较为热烈，大致呈递增趋势。由于 2014 年 3 月 3GPP TR 36.843 V12.0.1 协议中对 D2D 同步进行了初步的协议规范，因此 75#、76#两次会议中标准提案量有所减少。80#～87#会议几乎没有进行 D2D 同步的相关讨论。在 88b#～90#会议中的标准提案主要是针对 FeD2D 的相关内容，标准提案数量较少。根据之前的分析，D2D 同步相关的专利申请主要集中在 2013～2015 年，而标准提案较为集中的 76b#～79#会议召开时间也在 2013～2015 年，可见，D2D 同步的专利申请量与 3GPP 标准提案量随时间变化的趋势上是基本一致的。

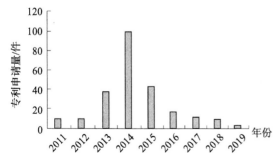 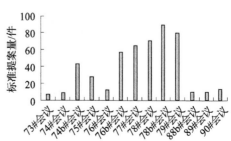

图 5　D2D 同步专利申请量的历年分布情况　　图 6　3GPP 会议中 D2D 同步标准提案量分布情况

2. D2D 发现

D2D 发现是 D2D 设备感知并识别其周边邻近的其他 D2D 设备的过程。D2D 发现是建立 D2D 通信链路的前提和基础，在建立 D2D 通信链路前，首先需要基于一定的策略发现潜在的用户群，即寻找周围是否有邻居节点。因此 D2D 发现是研究 D2D 通信的一个重要问题。[7-11]

以下，通过对 D2D 发现的重要专利申请人和标准提案人、专利申请人和标准提案人的区域分布、专利申请和标准提案的时间分布等的进一步研究来剖析 D2D 发现技术。

图 7 为专利申请量排名前 20 的 D2D 发现专利申请人，图 8 为标准提案量排名前 20 的 D2D 发现标准提案人。可见，排名前 20 的企业均来自中、美、日、韩、欧，且大多数专利申请人与标准提案人在专利申请、标准提案中均有不俗的表现。其次，专利申请中英特尔位居第一，领先于位居第二、第三的 LG 与三星，位居第四、第五的是中兴与华为。而标准提案中 LG 位居第一，高通紧随其后位居第二，英特尔、三星、华为分别位居第三、第四、第五。

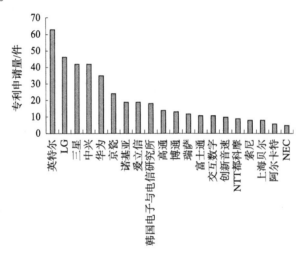

图 7　专利申请量排名前 20 的 D2D 发现专利申请人

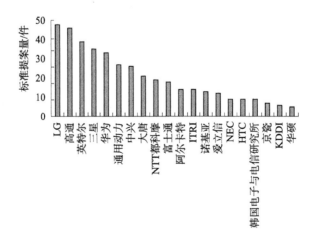

图 8　标准提案量排名前 20 的 D2D 发现标准提案人

图 9 为 D2D 发现专利申请人的区域分布，从图中可以看出，中国在专利申请中的贡献比例达 30.6%，领先于韩国的 23.2% 以及美国的 22.3%。图 10 为 D2D 发现标准提案人的区域分布，在标准提案中中国的贡献比例同样位居第一，美国、韩国分别位居第二、第三。随后是欧洲、日本。除了华为、中兴、大唐电信等公司之外，越来越多的中国企业积极参与 D2D 发现技术的专利申请布局与标准推进，可见，中国企业对 D2D 发现技术的专利申请、标准提案均非常重视。

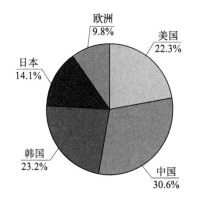

图 9　D2D 发现专利申请人的区域分布　　　　图 10　D2D 发现标准提案人的区域分布

图 11 为 D2D 发现专利申请量的历年分布情况，2011～2014 年呈上升趋势，在 2015 年后开始下降，可见，专利申请主要集中在 2013～2015 年度，其他时间专利申请量较少。

图 12 为 3GPP 会议中 D2D 发现标准提案量分布情况。其中，72b#～77#会议主要讨论针对 D2D 相关标准提案，而 80b#～82#会议主要讨论针对 eD2D 相关标准提案，88b#～90#会议主要讨论针对 FeD2D 相关标准提案。D2D 同步的标准提案开始于 72b#会议，主要集中在 74#～76b#会议，其中针对 eD2D、FeD2D 的标准提案较少，而 74#～76b#会议的召开时间主要在 2013～2014 年，可见，D2D 发现的专利申请量与标准提案量在时间趋势上是一致的。

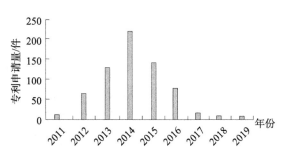

图 11　D2D 发现专利申请量的历年分布情况

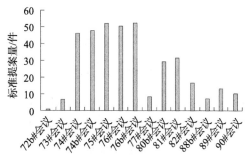

图 12　3GPP 会议中
D2D 发现标准提案量分布情况

3. D2D 资源分配

D2D 资源分配的主要目的是进行干扰抑制，使 D2D 用户在复用蜂窝用户资源进行通信时产生的干扰控制在一定的范围内，不影响其他设备的正常通信。合理的资源分配方案是保证蜂窝用户通信质量并提升 D2D 通信性能的关键。[12-16]

以下，通过对 D2D 资源分配的专利申请人和标准提案人、专利申请人和标准提案人的地区分布、专利申请和标准提案的时间分布等的进一步研究来剖析 D2D 资源分配技术。

图 13 为专利申请量排名前 20 的 D2D 资源分配专利申请人，华为以 81 件位居第一，较排名第二、第三的爱立信与 LG 高出约 30 件，中兴、英特尔、韩国电子与电信研究所位居第四到六位。图 14 为标准提案量排名前 20 的 D2D 资源分配标准提案人，其中三星以 53 件位居第一，LG 以 51 件位居第二，领先第三、第四名的英特尔、高通约 20 件。爱立信、华为、大唐电信分列五到七位。并且，排名前 20 的专利申请人、标准提案人均来自中、美、日、韩、欧。可以看到 LG、三星等韩国企业对 D2D 资源分配技术十分重视，不仅积极参与 3GPP 标准的制定，而且很早就开始了专利布局。中国的华为、中兴等在专利申请量以及标准提案量排名均在前十名内，十分重视专利布局。高通的专利申请量虽然不多，但其是最早开始专利布局的公司之一，专利申请质量和标准提案质量都很高。

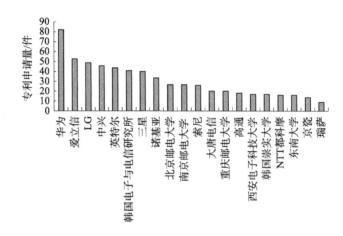

图 13　专利申请量排名前 20 的 D2D 资源分配专利申请人

图 15 为 D2D 资源分配专利申请人的区域分布，在专利申请方面，中国在专利申请的贡献比例位居第一，其中，高校占据了很大的比例，韩国位居第二，欧洲、美国、日本占比相差不大，紧随其后。图 16 为 D2D 资源分配标准提案人的区域分布，在 3GPP 标准提案量方面，韩国、日本的标准提案量位于第一、第二，而紧随其后的中国、美国的标准提案量相等，均为 17.43%，欧洲的标准提案量略少。整体而言，中国企业在 D2D 资源分配技术演进过程中扮演了较为重要的角色。

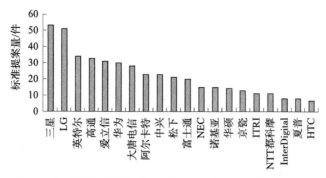

图 14　标准提案量排名前 20 的 D2D 资源分配标准提案人

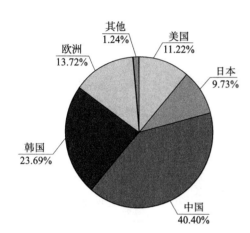

图 15　D2D 资源分配专利
申请人的区域分布

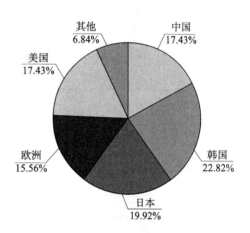

图 16　D2D 资源分配标准
提案人的区域分布

图 17 为 D2D 资源分配专利申请量的历年分布情况，图 18 为 3GPP 会议中 D2D 资源分配标准提案量分布情况。其中针对 D2D 资源分配的标准提案集于 73# ~ 78#，在之后的会议中，几乎没有针对 D2D 资源分配的相关标准提案。可以看出，专利申请主要集中在 2012 ~ 2016 年，而标准提案申请集中在 74b# ~ 78#会议，可见，D2D 资源分配的专利申请量与标准提案量在时间趋势上是一致的。2014 年 3 月，3GPP TR 36. 843 V12.0.1 协议对 D2D 资源分配进行了初步的协议规范，同年，专利申请量有大幅度的增加，这两者存在紧密联系。

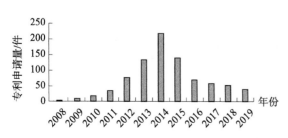

图 17　D2D 资源分配专利申请量的历年分布情况

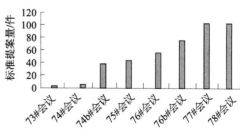

图 18　3GPP 会议中
D2D 资源分配标准提案量分布情况

（二）关键技术演进

图 19 为基于专利申请的 D2D 关键技术演进路线。其中，涉及 D2D 同步的专利申请

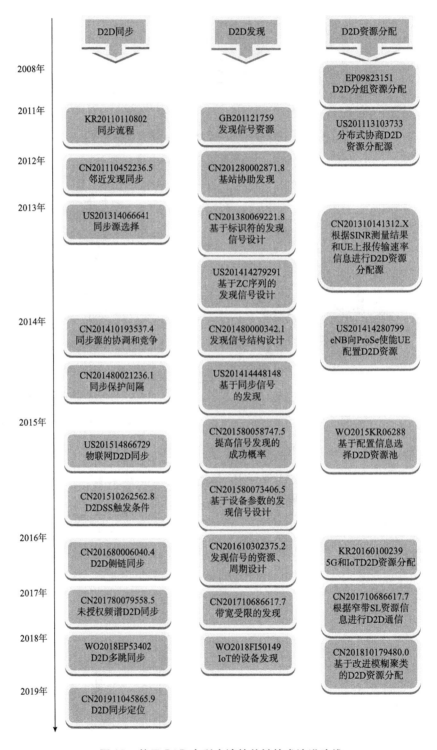

图 19　基于 D2D 专利申请的关键技术演进路线

从 2011 年开始零星出现，2011 年和 2012 年关于 D2D 同步的讨论主要涉及同步流程和邻近发现同步等较为基础的内容。2013～2015 年是 D2D 同步相关专利申请较为集中的时间段，主要涉及 D2D 通信中各类同步帧信号的设计、同步触发条件、同步源的选择、同步资源分配等问题，2015 年开始出现了关于物联网中的 D2D 同步的讨论。2016 年至今 D2D 同步专利申请量日趋减少，主要涉及 D2D 侧链同步、未授权频谱的 D2D 同步等内容。

对于 D2D 发现，其最早的专利申请出现在 2011 年。在 2011 年至 2014 年，其重点在于如何实现设备的发现，如发现信号的设计、信号的资源分配以及发现的过程，而 2015 年以后，则侧重于 D2D 发现的进一步改进，如提高发现的成功概率、基于带宽受限的设备发现，以及新技术中的 D2D 发现的应用，如在物联网（Internet of Things，IoT）中的设备发现，可见，专利申请是紧随着新技术的出现而发展的。

对于 D2D 资源分配，其最早的专利申请出现在 2008 年，2008～2011 年间高通等公司零星开始专利布局，该阶段资源分配方案比较单一，出发点在于实现 D2D 通信，对于用户通信质量需求以及不同场景下的资源分配方案没有更多的考虑。2012～2015 年，针对 D2D 资源分配的专利数量迅速增长，这与 3GPP 组织开始研讨制定 D2D 相关标准有直接关系，资源分配的方案也更加多样和全面，包括如按发送和接收划分资源、在有/无蜂窝网环境下 D2D 资源分配、基于链路质量的 D2D 资源分配等。而 2015 年以后，随着 3GPP 制定完成 D2D 相关标准，D2D 资源分配的专利申请更多涉及 5G 或 IoT 应用场景中的改进以及各大高校针对具体的资源分配算法的研究。

图 20 为基于 3GPP 标准提案的 D2D 关键技术演进路线。其中 3GPP 中涉及 D2D 同步的讨论主要分为两个阶段，第一阶段为 73#～79#会议，主要是对经典的 D2D 同步进行讨论，其中关于 D2D 同步信号设计的讨论贯穿始终，例如标准提案 R1 – 140896 提出了 D2D 同步信号（D2DSS）的规范格式，标准提案 R1 – 141789 和 R1 – 142843 等进一步对物理 D2D 同步信道（PD2DSCH）、D2D 同步子帧结构进行了讨论，标准提案 R1 – 144649 讨论了 D2D 辅同步信号（SD2DSS）的设计。关于同步过程的较为重要的标准提案主要集中在 76#～77#会议中，其讨论焦点为同步源如何确定，包括同步源的选择规则及重选规则、如何成为同步源以及同步信号的质量检测等方面，例如标准提案 R1 – 140899 提出了时间源优先级的设定。第二阶段为 88b#～90#会议，主要针对 FeD2D 的同步进行了讨论，标准提案量较少，主要涉及物联网中 D2D 同步以及侧链同步等相关内容。

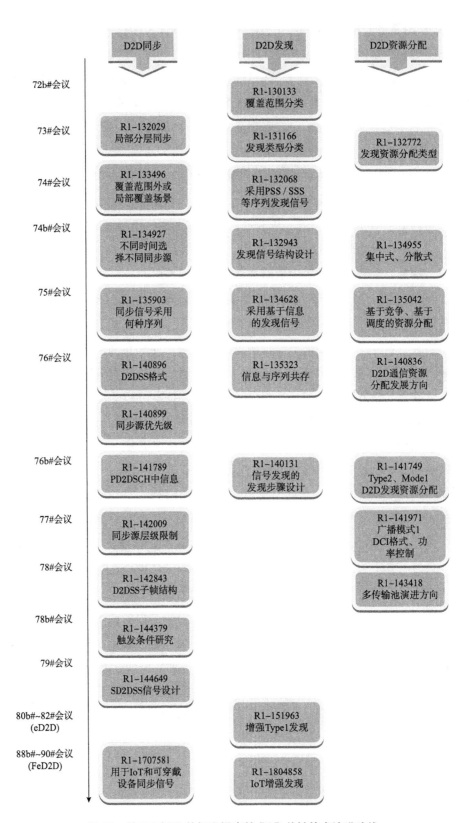

图20　基于 3GPP 的标准提案的 D2D 关键技术演进路线

关于 D2D 发现，D2D 发现最早提出于 72b#会议中，在 72b#会议、73#会议中主要研究了 D2D 发现的场景部署，如中兴在标准提案 R1 – 130133 中提出 D2D 发现在不同覆盖下的场景部署，三星在标准提案 R1 – 131166 中提出 D2D 发现的发现方式有辅助发现、开放发现。D2D 发现信号设计和资源分配的研究主要集中在 74#～76b#会议，研究的热点在于发现信号是基于序列信号、还是信息信号等，如标准提案 R1 – 134628 提出采用基于信息的发现信号，标准提案 R1 – 135323 提出基于信息与序列共存的发现信号。进一步地，为将 D2D 通信技术应用于后续的 3GPP 通信协议版本（如 Release 13～15）中，80b#～82#会议、88b#～90#会议分别讨论了 eD2D、FeD2D 中的发现内容。

D2D 同步以及 D2D 发现都涉及相应的资源分配的研究。早在 73#会议中，标准提案 R1 – 132772 就提出了 D2D 发现的资源分配类型：Type 1、Type 2A 与 Type 2B。而在 76#会议中，标准提案 R1 – 140836 提出了在 D2D 通信技术中，UE 可以以两种模式（Mode 1 和 Mode 2）操作以进行资源分配。在此基础上，74b#～77#会议就分布式资源分配（Type 1 和 Mode 2）和 eNB 资源分配（Type 2 和 Mode 1）进行了大量的讨论。且由于 D2D 发现的资源分配类型以及 D2D 通信中资源分配的模式，其选择都基于 UE1 和 UE2 的位置与小区覆盖范围的关系，因此从 76#会议开始，就提出了覆盖范围的定义有待进一步研究，并于 76b#～77#会议中进行了研讨。

三、总结

通过对 D2D 通信技术中的关键技术 D2D 同步、D2D 发现、D2D 资源分配涉及的专利申请以及 3GPP 标准提案进行分析，可以看出，中国企业在专利申请量与标准提案量的排名与美国、韩国的高新技术企业相比还存在一定的差距，但中国的专利申请总量与标准提案总量是领先于其他国家或者地区的，可见，中国企业对于 D2D 通信技术的专利布局、标准制定已经非常重视。其次，随着移动通信技术的更新换代以及物联网、可穿戴设备等新技术的出现，D2D 通信技术也将面临更多的挑战。总之，随着视频多媒体等业务的快速发展，以基站为中心的传统业务提供模式已经不能适应如今海量数据传输需求，D2D 通信技术势必作为通信企业、运营商着力发展的一项技术而实现快速发展。

参考文献

[1] 李玉. 蜂窝控制下的 D2D 通信系统关键技术研究 [D]. 合肥：安徽大学，2011.

[2] 李玉兵. 未来移动通信系统中的 D2D 关键技术研究 [D]. 成都：电子科技大学，2012.

[3] 王帆. 5G 关键技术 D2D 的相关研究 [D]. 北京：北京交通大学，2016.

[4] 王胤鑫. 蜂窝与 D2D 异构网络的同步技术方案研究与实现 [D]. 北京：北京邮电大学，2015.

［5］冯宇东. D2D 同步信号检测和同步机制研究［D］. 北京：北京邮电大学，2017.

［6］曹莉莉. 蜂窝终端直通（D2D）网络同步技术研究［D］. 北京：北京邮电大学，2018.

［7］林秋华. D2D 设备发现与通信中的资源分配技术研究［D］. 北京：北京邮电大学，2014.

［8］邓立凯. 基于 LTE－A 网络的 D2D 发现机制设计与优化［D］. 北京：北京交通大学，2017.

［9］弓紫慧. D2D 通信的设备发现技术研究［D］. 重庆：重庆邮电大学，2017.

［10］尹国庆. D2D 通信中设备发现和资源分配的研究［D］. 南京：南京邮电大学，2019.

［11］JUNG S, CHANG S. A discovery scheme for device－to－device communications in synchronous distributed networks［C］//16th International Conference on Advanced Communication Technology. S. l. : IEEE, 2014: 815－819.

［12］许祝登. D2D 邻居发现中资源分配的技术研究［D］. 北京：北京邮电大学，2015.

［13］梁涛. D2D 通信中模式选择和资源分配算法的研究［D］. 北京：北京邮电大学，2014.

［14］冯大权. D2D 通信无线资源分配研究［D］. 成都：电子科技大学，2015.

［15］ZHU X, WEN S, CAO C, et al. QoS－based resource allocation scheme for Device－to－Device (D2D) radio underlaying cellular networks［C］//2012 19th International Conference on Telecommunications (ICT). S. l. : IEEE, 2012: 1－6.

［16］BARMAN K, ROY A. A combine mode selection based resource allocation and interference control technique for D2D communication［C］//2020 7th International Conference on Signal Processing and Integrated Networks (SPIN). S. l. : IEEE, 2020: 284－289.

NR – massive MIMO 波束赋形专利技术综述*

黄 懈 何思佳** 马 洁 李 晨

摘 要 本文总结了全球性通信技术组织"第三代合作伙伴计划"（3GPP）中关于新空口大规模天线技术（NR – massive MIMO）波束赋形的主要研究内容，对 NR – massive MIMO 波束赋形技术的全球和国内专利申请状况、技术原创区域分布和主要申请人情况进行了详细归纳和整理，并对多天线传输方案、参考信号设计、信道状态信息（CSI）反馈机制、波束管理与波束失效恢复四个主要技术分支的重点专利进行了分析梳理，旨在为相关创新主体了解该领域技术发展现状和趋势从而进行专利布局提供参考。

关键词 NR – massive MIMO 波束赋形多天线传输参考信号 CSI 波束管理

一、引言

大规模天线（Massive MIMO）波束赋形技术以传统多进多出（MIMO）技术为基础，通过在发射端和接收端放置数十根甚至数百根以上的天线，形成高增益、可调节的赋形波束，其具有提高系统容量、频率效率、能量效率等优点，被认为是第五代移动通信（5G）的核心技术。

第五代新空口技术（5G NR）标准化分为两个阶段，R15（Release 15）[1][2] 主要满足增强移动宽带（eMBB）的指标要求，同时满足低时延高可靠（uRLLC）的基本指标要求，非独立组网标准已于 2017 年 12 月完成，2018 年 3 月冻结，独立组网标准于 2018 年 6 月完成。R16（Release 16）主要对 R15 版本进行了完善和增强，旨在进一步提高系统性能、降低开销和时延。

本文结合最新的标准化进程，选取了 NR – massive MIMO 波束赋形技术中最具代表性的技术[3][4] 进行分析和研究，包括多天线传输方案、参考信号设计、信道状态信息反馈机制[5] 以及波束管理与波束失效恢复四种关键技术，见图 1。

---

* 作者单位：国家知识产权局专利局专利审查协作四川中心。

** 等同于第一作者。

图 1 NR – massive MIMO 波束赋形关键技术

（1）多天线传输方案

NR 下的多天线传输方案在同一个框架内设计了 2 种传输方案：闭环方案和开环方案，同时 NR 还以非标准化的方式支持半闭环方案，实现了传输方案间的动态切换；NR 最多支持 12 个解调导频端口，从而可以支持 12 层的多用户 – 多进多出（MU – MIMO）传输，按照解调参考信号（DMRS）的预编码方式，传输方案还可进一步分为非透明方案和透明方案，NR 仅支持透明下行传输方案。

（2）参考信号设计

参考信号用于信道估计和测量，其主要包括：信道状态信息参考信号（CSI – RS）、用于用户传输数据接收解调的 DMRS、用于多用户调度的探测参考信号（SRS）等。NR 中参考信号的设计尽量避免了持续发送参考信号，目的是降低功耗和保证前向兼容性。NR 中几乎所有参考信号的资源位置、具体功能和传输带宽等都可由网络灵活配置。

（3）信道状态信息反馈机制

为获取精确的信道状态信息，NR 设计了 2 种分辨率的码本[6]：普通空间分辨率的 Type I 码本与高空间分辨率的 Type II 码本，Type I 码本主要为单用户 – 多进多出（SU – MIMO）设计，可以在复杂度与开销受限时支持 MU – MIMO，Type II 码本则以复杂度和开销为代价，支持高频谱效率的 MU – MIMO 传输。

（4）波束管理与波束失效恢复

NR 中的波束管理机制[7]主要流程包括波束扫描（发送参考信号的波束，在预定义的时间间隔进行空间扫描）、波束测量/判决（用户终端测量参考信号，选择最优波束）、波束报告（对于用户终端，上报波束测量结果）、波束指示（基站指示用户终端选择指定的波束）、波束失效恢复（包括波束失效检测、发现新波束，波束恢复流程）。

以上四种技术均是 NR – massive MIMO 波束赋形中的关键技术，在总结 3GPP 中关于上述核心技术的演进情况基础上，本文着重立足于专利数据库，梳理分析 NR – massive MIMO 波束赋形关键技术的专利竞争格局，以期为相关领域产业发展提供决策建议。

二、NR – massive MIMO 波束赋形专利申请现状

为全面获得 NR – massive MIMO 波束赋形关键技术的专利数据，笔者在商用数据库 Inco-Pat 中进行检索，检索截止时间为 2020 年 6 月 5 日，为确保检索结果正确，对各关键技术分支采用不同的中英文关键词进行表达。经过检索及人工筛选去噪，NR – massive MIMO 波束赋形关键技术领域全球相关专利申请共 4921 件，技术总体发展趋势呈现增长状态。

基于获得的检索数据，分别从 NR – massive MIMO 波束赋形四个关键技术分支下的全球和国内专利申请状况、技术原创区域分布和主要申请人情况三个方面进行研究，以分析说明 NR – massive MIMO 波束赋形关键技术的专利申请现状。

（一） NR – massive MIMO 波束赋形关键技术全球和中国申请趋势

图 2 示出了 NR – massive MIMO 波束赋形四个关键技术全球和中国的专利申请趋势。

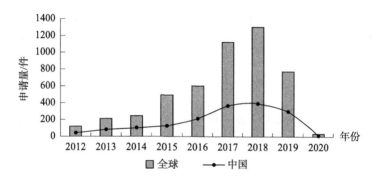

图2 NR – massive MIMO 波束赋形关键技术全球和中国专利申请趋势

图 3 示出了 NR – massive MIMO 波束赋形各关键技术分支下全球和中国的专利申请趋势。

在全球范围内，NR – massive MIMO 波束赋形关键技术专利申请总体呈现增长趋势，大致可分为两个阶段：

（1）起步 – 缓慢增长阶段（2012 ~ 2014 年）

这段时间属于 NR – massive MIMO 技术的多角度探索阶段，技术的不断累积转化为专利申请的缓慢增长，这一时期主要关注更高传输速率的解决方案，中、美、日、韩、欧纷纷启动 5G 相关技术预研，以期占领未来 5G 市场的产业高地。

（2）高速发展期（2015 年至今）

从 2015 年开始，NR – massive MIMO 波束赋形关键技术相关专利申请量进入快速增长阶段，这与各大通信设备制造商和运营商为占领 5G 市场的先机，加大对 5G 相关技术的研发投入有关。此外，随着通信技术的高速发展以及 5G 相关标准的建立，NR – massive MIMO 波束赋形技术领域研发热点业已明确，有效激发了创新主体的技术创新和

专利布局意识。需要说明的是，2018～2020年专利申请量逐步下降，其原因一方面是该领域的技术日趋成熟，另一方面是专利申请公开时间的滞后性导致的数据不完整。

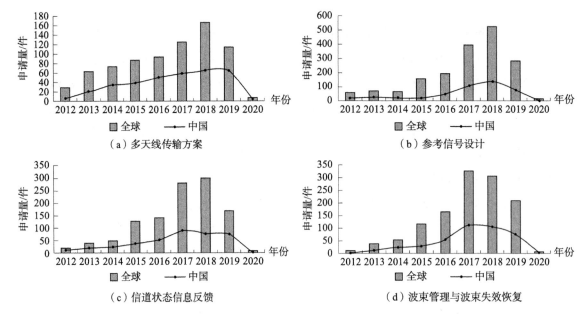

（a）多天线传输方案 （b）参考信号设计

（c）信道状态信息反馈 （d）波束管理与波束失效恢复

图3 NR－massive MIMO波束赋形各关键技术全球和中国专利申请趋势

从中国的NR－massive MIMO波束赋形关键技术整体专利申请量的发展趋势来看，2012～2018年共有1317件专利申请；且在2012～2015年一直稳步增长，2016年后开始高速增长，这与我国政府对5G的政策支持、国内各大创新主体的积极研发密不可分。

（二）技术原创国/地区

图4示出了NR－massive MIMO波束赋形四个关键技术技术原创国家/地区专利申请趋势和占比。

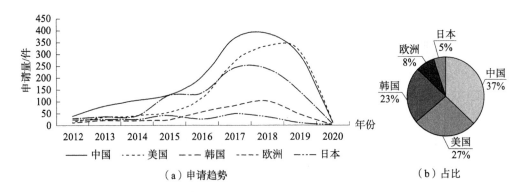

（a）申请趋势 （b）占比

图4 NR－massive MIMO波束赋形关键技术原创国家/地区专利申请趋势和占比

图5示出了NR－massive MIMO波束赋形四个关键技术分支下的技术原创国家/地区专利申请趋势和占比。

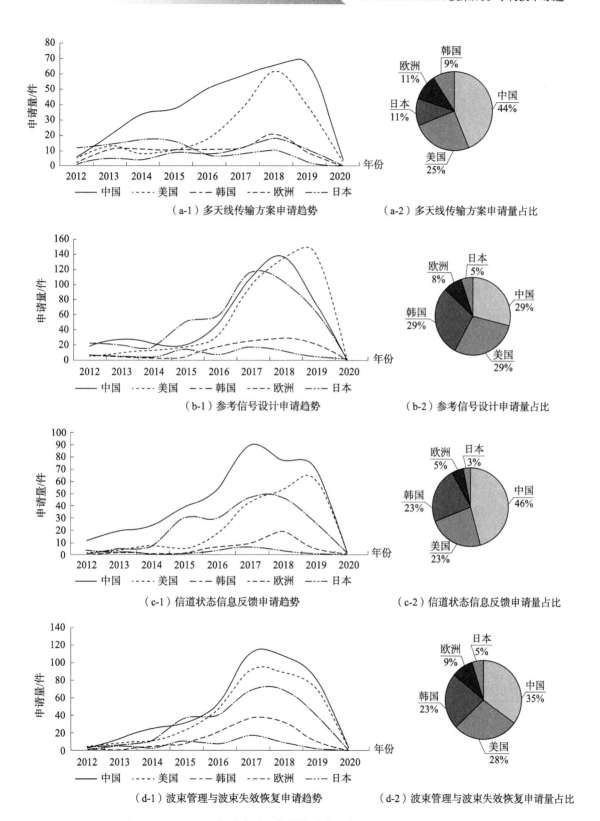

图5　NR–massive MIMO 波束赋形各关键技术原创国家/地区专利申请趋势和占比

从各技术原创国家/地区的历年总体专利申请量和各分支专利申请量来看，中国和美国的专利申请量从 2015 开始均保持着较为高速的增长，且在多天线传输方案、信道状态信息反馈、波束管理与波束失效恢复三个领域，中国历年专利申请量均高于美国。韩国除在多天线传输方案领域专利申请量增长较为缓慢外，其他三个技术领域的专利申请量从 2015 年开始也实现了暴增，这与韩国企业大力参与 3GPP 标准化工作的时间相匹配。日本和欧洲整体发展趋势平缓，个别年份出现较大增长，但很快回落，表明日本和欧洲在 NR－massive MIMO 波束赋形领域的发展不够稳定。

从各技术原创国家/地区的占比来看，中国在各领域专利申请量均排名第一，包括多天线传输方案、参考信号设计、信道状态信息反馈、波束管理与波束失效恢复，在上述四个关键分支的专利申请量占比分别为：44%、29%、46% 和 35%。美国除在参考信号设计领域与中国、韩国并列第一外，其他领域专利申请总量均低于中国。中国在 NR－massive MIMO 波束赋形专利申请量的优势一方面得益于国家政策的大力支持，另一方面是由于以华为、中兴为首的创新型公司积极投入 5G 关键技术研发，在国际市场舞台获得了更多的 5G 话语权和更大的发展空间。韩国在参考信号设计、信道状态信息反馈、波束管理与波束失效恢复领域技术实力与美国相近，专利申请量占比分别为：29%、23% 和 23%，然而，其多天线传输方案领域专利申请量占比仅为 9%，说明韩国在 NR－massive MIMO 波束赋形关键技术研发中发展不平衡，可能存在技术短板。日本和欧洲在 NR－massive MIMO 波束赋形各关键技术的专利申请量占比较为接近，两者均属于第三梯队，与中、美、韩均有较大差距。

纵观全球 NR－massive MIMO 波束赋形领域技术格局，相比于第四代移动通信技术（4G）时代主要由欧美国家所主导的技术局面，NR－massive MIMO 波束赋形技术作为 5G 的核心技术之一，技术格局正悄然发生变化。我国技术研发起步虽晚但进程很快，专利申请数量明显领先于其他国家/地区，中国企业正扮演着越发重要的主力角色，第二梯队的美国、韩国两者数量相当，与其传统通信强国的地位相匹配。

（三）重点申请人

图 6 示出了 NR－massive MIMO 波束赋形四种关键技术全球范围内专利申请人的排名情况。可以看出，排名前十的专利申请人依次是韩国三星、中国华为、美国高通、美国英特尔、美国 AT&T、中国中兴、瑞典爱立信、芬兰诺基亚、中国欧珀和韩国 LG。可以看出，不同于 4G 标准时代欧美掌握了产品制造不可或缺的标准必要专利的格局，在作为新一代产业的基础设施而备受关注的 5G 关键技术中，中国企业实力逐渐增强。韩国三星在专利布局数量上的大幅领先，一方面受益于其较早实现的技术突破，2013 年 5 月，韩国三星率先运用 NR－massive MIMO 技术，利用 64 个天线单元的自适应阵列突破了 4G 长期演进（LTE）中的传输速率瓶颈 75 Mbps，攻克了业界普遍认为的技术难题，随即开始

了在 NR – massive MIMO 各个技术分支领域的积极布局；另一方面，与该公司专利布局中的申请传统相关，其通常针对同一技术点提出多维度的专利系列申请，这也在一定程度上增加了其专利申请数量。

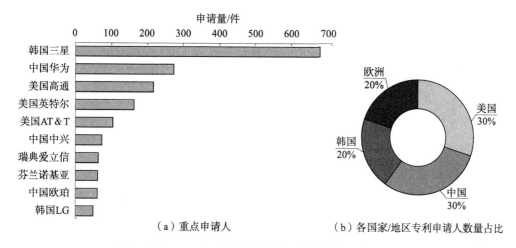

（a）重点申请人　　　　　（b）各国家/地区专利申请人数量占比

图6　NR – massive MIMO 波束赋形关键技术重点申请人

图7示出了 NR – massive MIMO 波束赋形各关键技术分支下全球重点专利申请人的申请量排名情况。

在多天线传输方案领域，中国华为作为该分支下的领跑者，专利申请总量为64件，而传统的通信巨头韩国三星和美国高通其申请量相对较少。

在参考信号设计技术领域，排名前十的专利申请人总申请量占该技术分支总申请量的57.3%，共计762件。该分支下的专利申请量相对集中，前十位的专利申请人主要由通信企业、半导体芯片厂商和运营商组成，日本无企业进入参考信号设计技术领域专利申请量前十。

在信道状态信息反馈领域，韩国三星排名第一，美国 AT&T 与美国高通分别占据第二和第四的位置。虽然该技术分支下的主要申请量仍被外国公司主导，但是从各国专利申请人数量在排名前十的专利申请人占比来看，中国专利申请人达到了50%，其中包括东南大学、华为、西安电子科技大学、中国欧珀和北京邮电大学。可以看出，我国在该分支下的创新主体除国内主要通信公司外，科研院所也积极参与了信道状态信息反馈领域的技术研发工作。

在波束管理与波束失效恢复领域，韩国三星依然排名第一，中国华为与美国高通分别占据第二、第三的位置，中国东南大学排名第四，芬兰诺基亚和瑞典爱立信分列第五和第六，日本 NEC 排名第八，说明中、韩、美、欧在波束管理与波束失效恢复领域发展较快，日本在该领域技术研发稍显薄弱。

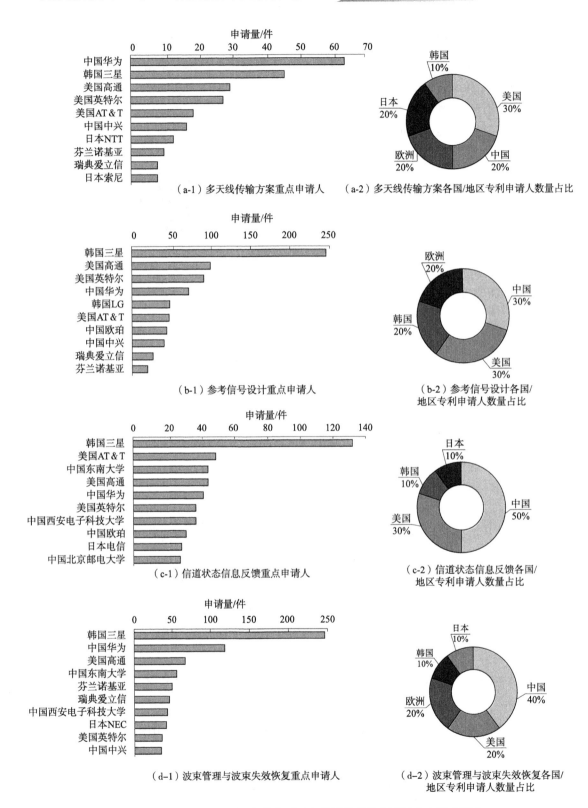

（a-1）多天线传输方案重点申请人　　（a-2）多天线传输方案各国/地区专利申请人数量占比

（b-1）参考信号设计重点申请人　　（b-2）参考信号设计各国/地区专利申请人数量占比

（c-1）信道状态信息反馈重点申请人　　（c-2）信道状态信息反馈各国/地区专利申请人数量占比

（d-1）波束管理与波束失效恢复重点申请人　　（d-2）波束管理与波束失效恢复各国/地区专利申请人数量占比

图7　NR－massive MIMO 波束赋形各关键技术分支下重点专利申请人

纵观多天线传输方案、参考信号设计、信道状态信息反馈、波束管理与波束失效恢复四个领域，韩国三星除在多天线传输方案领域申请量排名第二外，在参考信号设计、信道状态信息反馈、波束管理与波束失效恢复领域申请量均排名世界第一，技术实力雄厚。在四个领域中全部进入前十的企业有韩国三星、美国英特尔、美国高通和中国华为，其中美国企业两家，韩国、中国企业各一家。可以看出，美国企业仍然占据了比较有利的全领域优势地位，这得益于美国两家企业英特尔和高通的全领域布局战略意识，第三代移动通信技术（3G）、4G时代的移动通信专利霸主高通依然占据着5G关键技术领域。

从前十榜单来看，中国领军企业华为、中兴分别担当了局部领先者和全面追赶者的角色，还有一定成长空间。而东南大学作为高校能够在信道状态信息反馈和波束管理与波束失效恢复两项关键技术中排名靠前，也说明了该校对 NR－massive MIMO 波束赋形领域的基础研究较为重视，具有一定的科研水平。

三、NR－massive MIMO 关键技术重点专利申请分析

下面就 3GPP R15、R16 发展进程中对 NR－massive MIMO 波束赋形关键技术的演进，结合专利检索撷取各关键技术分支下的部分重点专利申请（见表1）进行分析。

图8示出了 3GPP 中关于 NR－massive MIMO 波束赋形关键技术的主要改进点及与该改进点相关的重点专利。

表1　NR－massive MIMO 各关键技术重点专利申请

申请人	公开号/授权公告号	技术分支	法律状态	涉及协议
中国华为	CN104753647B	多天线传输方案	授权	TS 38. 802 V14. 2. 0 TS 38. 212 V15. 2. 0； TS 38. 300 V15. 6. 0
中国华为	CN107733592A	多天线传输方案	审中	TS 38. 802 V14. 2. 0 TS 38. 212 V15. 2. 0； TS 38. 300 V15. 6. 0
中国华为	US10511367B2	信道状态信息反馈机制	授权	TS 38. 521 －4V16. 0. 0； TS 38. 802 V14. 2. 0
中国华为	US10382115B2	波束管理与波束失效恢复	授权	TS 38. 802 V14. 2. 0； TS 38. 321 V13. 0. 0
中国中兴	CN110536419A	波束管理与波束失效恢复	审中	TS 38. 802 V14. 2. 0； TS 38. 321 V13. 0. 0

申请人	公开号/公告号	技术分支	法律状态	涉及协议
中国移动	CN110890946A	参考信号设计	审中	TS 38.211 V15.3.0； TS 38.212 V15.3.0； TS 38.213 V15.3.0
中国上海贝尔	CN106452539B	波束管理与波束失效恢复	授权	TS 38.802 V14.2.0； TS 38.321 V13.0.0
美国高通	EP3639404A1	多天线传输方案	审中	TS 38.802 V14.2.0 TS 38.212 V15.2.0； TS 38.300 V15.6.0
美国高通	US20190182697A	参考信号设计	审中	TS 38.211 V15.3.0； TS 38.212 V15.3.0； TS 38.213 V15.3.0
美国高通	US10425923B2	参考信号设计	授权	TS 38.211 V15.3.0； TS 38.212 V15.3.0； TS 38.213 V15.3.0
美国高通	US10256887B2	信道状态信息反馈机制	授权	TS 38.521-4V16.0.0； TS 38.802 V14.2.0
韩国三星	US20180316534A1	参考信号设计	审中	TS 38.211 V15.3.0； TS 38.212 V15.3.0； TS 38.213 V15.3.0
韩国三星	US10420090B2	参考信号设计	授权	TS 38.211 V15.3.0； TS 38.212 V15.3.0； TS 38.213 V15.3.0
韩国三星	CN111245479A	波束管理与波束失效恢复	审中	TS 38.802 V14.2.0； TS 38.321 V13.0.0
芬兰诺基亚	EP3473032A1	波束管理与波束失效恢复	审中	TS 38.802 V14.2.0； TS 38.321 V13.0.0
日本索尼	EP3566336A1	波束管理与波束失效恢复	审中	TS 38.802 V14.2.0； TS 38.321 V13.0.0

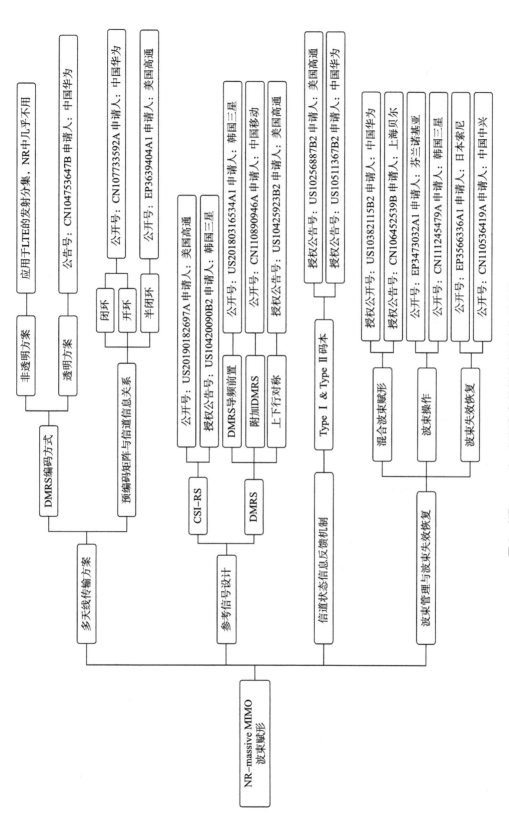

图 8　NR－massive MIMO 各关键技术重点专利申请

（一）多天线传输方案

按照 DMRS 的预编码方式，传输方案可分为非透明传输方案和透明传输方案。具体而言，非透明传输方案中 DMRS 和数据的预编码之间没有约束，终端需要知道预编码矩阵才能解调，此类方案主要应用于通用移动通信技术的 LTE 的发射分集，但由于其不能使用与空间信道最优匹配的预编码矩阵，不能获得最大波束赋形增益，因此 NR - massive MIMO 并未采用此类方案。透明传输方案是用相同的预编码矩阵对 DMRS 和数据进行预编码，DMRS 所经历的等效信道与数据相同，因此终端不需要获知基站所使用的预编码矩阵。透明传输方案可以更加灵活地选择 DMRS 和数据所采用的预编码矩阵以获得最佳波束赋形效果，其属于 NR 中采用的主流传输方案。

中国华为于 2013 年 12 月提出了一件授权公告号为 CN104753647B（美国同族授权公告号为 US10250371B2），发明名称为"一种信号发送方法及装置"的专利，其提供了一种信号发送方法，具体包括：基站向用户设备发送 DMRS 和用户数据，基站采用相同的预编码处理方式处理用户数据和 DMRS，基站通过物理下行共享信道（PDSCH）或增强物理下行控制信道（EPDCCH）向用户设备发送处理后的用户数据和 DMRS，DMRS 和用户数据采用相同的预处理方式。该信号发送方法能够保证接收端信道估计的正确性，有效解决了用户数据资源浪费的问题，具有提高系统功率利用率的效果。

按照预编码矩阵与信道信息间的关系，传输方案还可分为闭环方案和开环方案。闭环方案中基站选择和空间信道最匹配的预编码矩阵（波束）向终端发送数据，此种方案在高速移动场景中，由于终端的测量反馈跟不上快速变化的信道，传输性能可能下降；开环方案中基站不仅仅使用与空间信道最匹配的预编码矩阵，为降低移动速度的影响，基站在多个不同资源上交替使用多个波束为终端传输数据。闭环方案是 NR - massive MIMO 波束赋形设计的主要目标，此外，NR 还以非标准化的方式支持半闭环方案。

中国华为于 2016 年 8 月提出了一件公开号为 CN107733592A，发明名称为"传输方案指示方法、数据传输方法、装置及系统"的专利申请，该传输方案指示方法包括：生成传输方案指示信息，传输方案指示信息用于指示当前传输模式所包含的至少两种传输方案中的一种传输方案，至少两种传输方案包含波束赋形发射分集传输方案，至少两种传输方案还包括开环空分复用传输方案/闭环空分复用传输方案/多用户多输入多输出传输方案/开环发射分集传输方案。该发明具有解决用户终端传输数据灵活性较低的问题。

美国高通于 2018 年 6 月提出了一件公开号为 EP3639404A1，发明名称为"用于半开环方案和开环方案的信道状态信息反馈"的专利申请，其提出了为用户终端确定用于导出信道质量指示（CQI）的开环、半开环或闭环传输方案。在确定的开环传输方案的情况下，用户终端可以选择与时间偏移值和预编码器循环粒度值相对应的传输方案。用户终端可以确定用于信道状态信息（CSI）报告的时间偏移值、预编码器循环粒度值和预编码矩阵指示符（PMI）中的一者或多者，以及相应地生成 CQI。另外，用户终端可以在 CSI 报告中包括所确定的值以指示用于 CQI 导出的传输方案，进一步地，基站可以基于 CQI 确定传输方案以及相应地执行链路自适应。

（二）参考信号设计

NR – massive MIMO 波束赋形中的 CSI – RS 主要用于以下几个方面：①获取信道状态信息，用于调度、链路自适应以及和 MIMO 相关的传输设置；②用于波束管理，获取用户终端和基站侧波束的赋形权值，支持波束管理过程；③精确的时频追踪，系统中通过设置传输参数信令（TPS）来实现；④用于移动性管理，系统中通过对本小区和邻小区的 CSI – RS 信号获取跟踪，完成用户终端的移动性管理相关的测量需求；⑤用于速率匹配，通过零功率的 CSI – RS 信号的设置完成数据信道的资源单元（RE）级别的速率匹配功能。总之，NR 通过支持更加灵活的 CSI – RS 配置以实现多种功能。

美国高通于 2016 年 8 月提出了一件公开号为 US201901826971A1，发明名称为"针对新无线电技术多输入多输出通信的动态多波束传输"的专利申请，通过该方案，用户设备可以测量来自一个或多个发送接收点（TRP）的波束成形 CSI – RS，并且报告针对与各个波束成形 CSI – RS 相关联的波束的秩信息和/或信道质量信息。该方案具体包括：接收多个波束成形 CSI – RS，其中，多个 CSI – RS 资源分别与波束成形 CSI – RS 的集合相对应；基于与多个 CSI – RS 资源相对应的多个信道质量度量来选择一个或多个最佳 CSI – RS 资源；报告 CSI – RS 资源指示符（CRI）的集合，每个 CRI 指示 CSI – RS 资源中的一个最佳 CSI – RS 资源，其中，与对应资源相关联的波束可以用于动态波束切换；基于与 CRI 的集合相对应的 CSI – RS 资源来报告至少一个聚合的秩指示符（RI）或 CQI，其中，假设开环 MIMO 传输是使用与对应于 CRI 的 CSI – RS 资源相关联的端口来进行的。

韩国三星于 2016 年 8 月提出了一件授权公告号为 US10420090B2，发明名称为"在移动通信系统中使用 CSI – RS 的通信技术"的专利，其涉及在移动通信系统中使用 CSI – RS 的基站的通信方法，该方法包括：接收来自终端的 SRS，通过使用接收的 SRS 来选择预编码矩阵，通过使用选择的预编码矩阵来发送 CSI – RS，接收来自终端的 CSI 报告，并且在 CSI 报告的基础上来确定发送参数，以及通过应用功能其确定的发送参数向终端发送数据，其中 CSI – RS 被非周期性地发送。该发明公开的以各种方式来实施非周期性 CSI – RS 的发送方法，能够防止在基站使用用户终端专用的波束形成 CSI – RS 的同时避免过度开销的产生，实现了 RS 资源的有效使用。

DMRS 作为 NR – massive MIMO 波束赋形中的关键参考信号之一，主要用于上下行数据解调。NR 系统中对于 DMRS 的设计主要考虑以下几点：①DMRS 导频前置，其有助于接收端快速估计信道并进行接收检测，对于降低时延并支持自包含帧结构具有重要的作用；②附加 DMRS 导频，在中高速场景中，除前置 DMRS 导频外，在调度持续时间内安插更多的 DMRS 导频符号，以满足对信道时变性的估计精度；③上下行对称设计，主要用于抑制不同链路方向之间的干扰。

韩国三星于 2018 年 4 月提出了一件公开号为 US20180316534A1，发明名称为"用于在无线蜂窝通信系统中配置解调参考信号位置的方法和设备"的专利申请，该技术用于支持更高数据速率的 5G 通信系统，包括从第一时隙类型到第二时隙类型标识终端的时隙类型，基于时隙类型确定 DMRS 的位置，基于确定的位置从基站接收 DMRS。通过该方法，可以在各种时隙结构中有效地配置 DMRS 位置，使无线电资源的有效传输变得可能。

中国移动于 2018 年 9 月提出了一件公开号为 CN110890946A，发明名称为"解调参考信号的传输方法、网络侧设备及用户设备"的专利申请，其提供了一种关于 DMRS 的传输方法，包括：确定额外 DMRS 与前置 DMRS 的配置方式；确定采用配置方式中额外 DMRS 与前置 DMRS 的 DMRS 序列映射的频域资源位置；根据所确定的频域资源位置，进行 DMRS 传输。该方法通过将额外 DMRS 与前置 DMRS 相组合进行配置，用于提供更多正交端口数，从而解决现有技术中 DMRS 的传输所配置的端口数无法满足非正交多址接入（NOMA）过载率较大或码长较长的场景需求的问题。

此外，美国高通于 2017 年 2 月还提出了一件授权公告号为 US10425923B2，发明名称为"上行链路信道复用和波束选择"的专利，该专利中每个用户终端能够使用不同的波形来发送不同的信道，根据在上行链路和下行链路信道上对称的 RS 模式来传输参考信号，其中参考信号包括 DMRS。

（三）信道状态信息反馈机制

NR – massive MIMO 波束赋形的 MU – MIMO 传输除了要形成指向目标用户的精准波束外，还要在其他用户所在位置形成"零陷"，因此对于 CSI 的精度要求较高。基于此，NR 设计了两种分辨率的码本：普通空间分辨率的 Type Ⅰ 码本与高空间分辨率的 Type Ⅱ 码本以满足不同的场景需求。

美国高通于 2017 年 3 月提出了一件授权公告号为 US10256887B2，发明名称为"用于更高分辨率信道状态信息（CSI）的差分 CSI 报告"的专利，该技术包括接收 CSI – RS，基于 CSI – RS 确定针对第一 CSI 反馈级的与第一 CSI 反馈相关联的第一反馈分量，并且将第一反馈分量报告给基站；部分地基于第一反馈分量来确定针对至少一个第二 CSI 反馈级的与至少一个第二 CSI 反馈相关联的第二反馈分量，并且向基站报告第二反馈分量；基于第一反馈分量和第二反馈分量确定用于 MIMO 通信的预编码。该技术能够产生高分辨率 CSI，且具有减少开销和性能损失、降低组件复杂度的效果。

中国华为于 2017 年 6 月提出了一件授权公告号为 US10511367B2，发明名称为"一种信道状态信息发送、接收方法及设备"的专利，该方法包括：终端设备向网络设备发送包括 CSI 的信号；网络设备根据包括 CSI 的信号获取 RI 和指示信息；网络设备根据 RI

和指示信息获取 PMI2；网络设备根据 RI 和 PMI2 确定预编码矩阵 W。该方法用于针对基于高精度码本的预编码矩阵的场景降低终端设备向网络设备反馈 CSI 所需的资源开销。

（四）波束管理与波束失效恢复

在 NR – massive MIMO 波束赋形中，全数字波束赋形所需的射频链路等于天线数。由于基站天线数高达数十根甚至数百根，将大大增加硬件成本和功耗，这种全数字波束赋形技术已不再适用，而低成本、低功耗的模拟 – 数字混合波束赋形技术逐渐得到广泛应用。

中国华为于 2016 年 6 月提出了一件授权公告号为 US10382115B2，发明名称为"用于混合波束赋形分集的系统及方法"的专利，该用于混合波束赋形分集的系统及方法包括一种由具有一个或多个接收天线端口的用户终端执行的方法，该一个或多个接收天线端口中的每一个接收天线端口与多个接收波束端口相关联，该方法具体包括：用户终端接收来自网络的信息，该信息指示一个或多个发射天线端口的配置，该一个或多个发射天线端口中的每一个发射天线端口与多个发射波束端口相关联，该信息还指示多个 RS；用户终端接收该多个 RS 的子集；用户终端测量该多个 RS 的子集中的每一个 RS 的接收信号质量；用户终端为该一个或多个接收天线端口中的每一个接收天线端口确定选定的接收波束端口；用户终端获得一个或多个报告集合；用户终端向网络发送该一个或多个报告集合；以及用户终端接收数据传输。

中国上海贝尔于 2015 年 8 月提出了一件授权公告号为 CN106452539B，发明名称为"混合波束赋形方法和装置"的专利，该方法提供了在基站中进行混合波束赋形的方法，包括：基于对物理信道的长时估计，计算宽带模拟波束赋形矩阵；对宽带模拟波束赋形矩阵进行量化，以获得经量化的宽带模拟波束赋形矩阵；向物理信道应用经量化的宽带模拟波束赋形矩阵，以获得物理信道的等价信道；基于对等价信道的短时估计，计算子带数字波束赋形矩阵；以及利用子带数字波束赋形矩阵和经量化的宽带模拟波束赋形矩阵，对下行链路信号进行混合波束赋形。该发明的混合波束赋形方案，使得大规模 MIMO 系统的部署更加实用和成本有效。

NR – massive MIMO 波束赋形技术的波束管理包括波束扫描、波束测量/判决、波束报告、波束指示。波束扫描是在一定时间间隔内将波束按预定的方向发射；波束测量/判决是指终端对基站以波束扫描方式发送的参考信号进行测量的过程，通过比较不同参考信号的接收质量，终端得到基站的最佳发送波束，类似地，终端在该过程中也会找到与最佳发送波束匹配的接收波束用来实现数据接收；波束报告是指终端将选择出的最优发送波束的标识信息上报给基站；波束指示是指数据传输过程中，基站将发送波束相关的信息指示给终端，以便终端设置合适的接收波束。

芬兰诺基亚于 2016 年 6 月提出了一件公开号为 EP3473032A1，发明名称为"用于大规模 MIMO 系统的增强上行链路波束选择"的专利申请，在该方案中，无线网络基于网络根据基本上行链路波束选择协议接收用户终端的上行链路信令质量，无线电网络向用户终端发送触发增强上行链路波束选择协议的下行链路信令，作为响应，用户终端根据下行链路信令传送具有上行链路波束的预定义信令，诸如上行链路波束参考信号（U - BRS）。网络测量并选择这些上行链路波束中的一个或多个上行链路波束以供用户终端用于发送上行链路数据，并且向用户终端通知该选择。

韩国三星于 2019 年 11 月提出了一件公开号为 CN111245479A，发明名称为"被配置为执行波束扫描操作的无线通信设备及其操作方法"的专利申请，该无线通信设备包括天线阵列，天线阵列包括多个子阵列，该方法包括：对由每个子阵列形成的接收波束进行扫描，使得接收波束具有分别在多个扫描位置的多个接收波束图案，并且在每个扫描位置通过天线阵列接收信号；基于信号生成基本信道矩阵信息，基本信道矩阵信息包括与每个子阵列的接收波束图案相对应的信道矩阵；对至少一个组合执行数字扫描操作并生成补充信道矩阵信息，上述组合是使用基本信道矩阵信息确定的；使用基本信道矩阵信息和补充信道矩阵信息，选择天线阵列的接收波束图案。该方案可以形成最优指向波束。

NR 中的波束管理还包括波束失效恢复，其具体包括波束失效检测、新的波束检测、波束失效恢复请求发送以及响应四个过程。用户终端监控用于检测波束失效的 RS 判断其是否满足波束失效的触发条件，当确定波束失效的情况下，用户终端测量并获取新的可用波束以替换原有的工作波束。

日本索尼于 2018 年 1 月提出了一件公开号为 EP3566336A1，发明名称为"波束失效恢复"的专利申请，其公开了用于无线发射接收单元（WTRU）发起的波束恢复的系统、方法和手段，波束恢复包括波束切换和/或波束扫描。WTRU 可以被配置成检测波束失效条件，标识用于解决波束失效条件的候选波束，以及发送波束失效恢复请求给网络实体。WTRU 可以在波束失效恢复请求中包括候选波束并可以从网络实体接收关于针对波束失效条件的请求和/或解决方案的响应。WTRU 发起的波束恢复可以用于通过避免执行获取过程的必要性解决无线电链路失效并改善系统性能。此外，可以在子时间单元级执行波束扫描以提供快速扫描机制。

中国中兴于 2018 年 5 月提出了一件公开号为 CN110536419A，发明名称为"一种波束恢复方法和装置"的专利申请，其波束恢复方法包括：在发生波束失效后进行波束选择，选出新波束；确定选择出的新波束对应的物理随机接入信道（PRACH）资源，并在 PRACH 资源上发送指示信息；在发送指示信息之后，接收基站发送的控制信息。该技术方案，改善了现有技术中资源要按照最坏的情况来进行预留，且任何时刻都不能被占用的问题，提供了一种有效的方式来很好的支持竞争的方式的波束恢复，能够改善高频中的阻塞现象并减少链路失效的情况。

  本节笔者通过查阅 3GPP 标准和专利检索，筛选出了与 NR – massive MIMO 波束赋形四个关键技术分支下与协议内容高度相关的重点专利申请 16 件（7 件已审结授权，其余 9 件审中）。与前文分析的重点申请人申请情况相匹配，美国高通、中国华为、韩国三星同样占据前三甲的位置，且专利布局数量明显领先于其他创新主体。同时可以注意到，韩国三星虽然在专利申请数量上大幅领先于其他创新主体，但最终落入重点专利的研发成果仅与中国华为、美国高通大致相当，初步形成三足鼎立的竞争格局。另外也可以看到，我国创新主体较多，在 NR – massive MIMO 波束赋形四个关键技术分支中均覆盖有重点专利，体现出我国良好的创新研发氛围。

四、结语

  NR – massive MIMO 波束赋形技术作为 5G 中实现超高传输速率的核心技术，其全球和国内专利申请量均从 2015 年开始实现快速增长。相比于 4G 时代主要由欧美国家所主导的技术局面，我国在 NR – massive MIMO 波束赋形各关键技术分支下的申请数量均排名第一，体现出广泛的研究范围和良好的布局意识。在具体的创新主体层面，各国家/地区通信企业均进行了积极布局，尤其以韩国三星、中国华为、美国高通三家公司布局最为全面，专利申请总量占据前三。在各关键技术分支的专利申请质量上，中国华为、美国高通、韩国三星落入重点专利的研发成果大致相当，初步形成三足鼎立的竞争格局。总体而言，我国已由 2G 跟随 3G 突破 4G 同步，成长为 5G 时代部分关键技术的"准领跑者"，领军企业中国华为、中国中兴通过持续的研发投入、积极的知识产权保护策略，获得了部分核心技术相关的重点专利申请的授权，具有了关键技术中的话语权，也为后期专利成果转化奠定了基础。同时可以注意到，我国还在创新主体数量上占据着明显优势，已形成以华为、中兴为龙头，手机厂商、科研机构、高校等诸多创新主体共同发展的格局。但后两者在专利质量、市场转换能力上还存在较大的提升空间。国外则仍是传统科技巨头的赛道，鲜见其他创新主体，3G、4G 时代的移动通信专利霸主美国高通依然占据着 NR – massive MIMO 波束赋形的部分关键技术领域，韩国三星在专利布局数量上也大幅领先其他创新主体，5G 关键技术的专利纷争或将持续上演。

参考文献

［1］3GPP TS 38. 211，NR；Physical Channels and Modulation：v15. 3. 0. ［Z］.

［2］3GPP TS 38. 212，NR；Multiplexing and Channel Coding：v15. 3. 0. ［Z］.

［3］3GPP RP – 121278，New SID Proposal：Study on Full Dimension MIMO ［Z］.

［4］ 3GPP TSG RAN#81 RP - 182067. Revised WID: Enhancements on MIMO for NR ［Z］.

［5］ ROH J C, RAO B D. Design and Analysis of MIMO Spatial Multiplexing Systems with Quantized Feedback ［J］. IEEE Transactions on Signal Processing, 2006, 54（8）: 2874 - 2886.

［6］ 3GPP TSG RAN#89 RP - 1709232. WF on Type Ⅰ and Ⅱ CSI codebooks ［Z］.

［7］ 3GPP TSG RAN#86 R1 - 166089. Beam Management Procedure for NR MIMO ［Z］.

云存储数据安全专利技术综述[*]

孟繁杰　郭　悦[**]　刘　颖[**]　李慧芳[**]　谭明敏[**]

摘　要　云存储数据安全技术是云计算研究的热门方向，数据安全技术对于云存储起着至关重要的作用。本文对云存储数据安全技术全球及中国的相关专利进行分析，从申请趋势、区域分布、主要申请人、重点技术等多个角度进行深入挖掘，筛选了多项重要专利并绘制技术路线演进图，从专利的角度梳理了该技术的现状及发展趋势，对我国云存储数据安全技术的研发和产业化发展提出了建议。目前我国关于云存储数据安全技术的核心专利较少，在产业化过程中需有针对性地提高关键技术技术水平，强化专利布局，进一步提升综合研发实力。

关键词　云存储　数据安全　专利分析

一、概述

云计算（Cloud Computing）是以网络技术、虚拟化技术、分布式计算技术为基础，以按需分配为业务模式，具备动态扩展、资源共享、宽带接入等特点的新一代网络化商业计算模式。在云计算迅猛发展的同时，其安全问题，尤其是数据存储的安全性问题日益突出。数据安全技术对于云存储起着至关重要的作用，因此，通过专利分析云存储数据安全技术的发展趋势以及关键技术是非常有意义的。

（一）云存储数据安全技术发展概况

国外公司率先在云存储领域进行大规模的研究与应用，国外主要的云存储服务提供商包括：亚马逊、微软、IBM和谷歌。其中，最早推出云存储服务的是亚马逊，其于2006年推出了亚马逊网络服务（Amazon Web Service，AWS），以Web服务的形式向企业提供IT基础设施服务，同时提供了较为完善的安全保护机制，并为用户提供了4种不同类型的访问控制机制。2008年10月，微软推出了名为"Windows Azure"的云平台，从

---

　*　作者单位：国家知识产权局专利局专利审查协作天津中心。

　**　等同于第一作者。

数据私密性、完整性、可用性等方面保证云数据的安全。IBM 在 2009 年推出了企业级别的智能云存储计划，提供了具有容灾备份功能的云存储服务解决方案，具备多项较高级别的隐私保护功能。

国内云存储方面的研究工作起步较晚，但是发展速度较快，国内众多公司相继开发了自己的云存储服务平台，如阿里云、浪潮云等。在 2020 年云安全能力评估报告中，阿里云整体安全能力位居全球第二，超过亚马逊，仅次于微软。阿里云创立于 2009 年，通过数据加密、网络隔离、入侵检测、完整性验证等安全技术保护云计算安全。

（二）云存储数据安全技术分支

云存储领域的数据安全技术需要解决数据机密性、完整性和可用性等方面的问题，为解决上述问题，国内外研究人员提供了多种理论技术，其中包括以下几种重点技术：

1. 数据加/解密

常见的云存储数据加密系统包括三个角色：用户、云存储服务商和身份认证机构。其中，身份认证机构是第三方可信机构，用户通过该机构进行身份认证和密钥管理，云存储服务商通过该机构完成用户密钥信息的交互，用户与云存储服务商之间通过网络传输加密文件。目前常用的加密方式包括以下两种：同态加密（Homomorphic Encryption，HE）和基于属性的加密（Attribute - Based Encryption，ABE）。同态加密属于对称加密算法，经过对同态加密的数据进行处理得到一个输出，对该输出进行解密，其结果与用同一方法处理未加密的数据得到的输出结果相同。基于属性的加密属于非对称加密，公钥细粒度为用户属性，用户私钥也与属性有关，只有用户私钥满足解密属性时才可解密数据。

2. 数据完整性验证

数据拥有者把数据存储在云服务器上，而云服务器不一定是可信的，文件可能被篡改或丢失，因此需要周期性地对存储在云服务器上的数据进行验证。现有的数据完整性验证方案包括：数据持有性证明机制（Provable Data Possession，PDP）、数据可恢复性证明机制（Proofs of Retrievability，POR）、基于认证字典的数据验证机制、挑战/应答认证机制（Challenge/Response）。数据拥有者以及非数据拥有者用户均可对云存储服务器的数据完整性进行验证。

3. 数据容灾/备份

云存储下的容灾系统，结合了本地备份和异地容灾技术以及云端的容灾集中管理技术，共同保证用户数据的安全性。其中，数据备份是容灾的基础，旨在防止由操作失误或故障，以及不可抗拒的自然灾害等情况导致数据丢失，而将全部或部分数据从应用主机的硬盘或阵列复制到其他的存储介质的过程。数据备份需要考虑数据恢复的问题，常见的数据备份技术包括：双机热备份、备份磁带异地存放、关键部件冗余等，备份策略包括：完全备份、增量备份、差分备份等。

4. 数据一致性管理

数据备份增强了数据的可用性，同时也带来了数据一致性方面的问题。数据一致性问题是指：某用户修改了某一数据项，而在此时或在很短的时间内，另一个用户读取或修改同一数据项的不同副本，则该用户会观察到什么样的数据，该数据项的不同副本处于何种状态。因此，在进行数据一致性管理时，需要面对以下两个问题：①当存在多个用户并发对数据进行修改时，如何保证数据的完整性和可用性；②针对一个备份副本的更新将导致各个备份副本的更新，服务端将面临巨大的数据运算压力。在实际应用中，不存在单一的正确性标准和通用的数据一致性问题解决方案，而是取决于具体的应用需求，建立"以应用为导向"的数据一致性管理理论。

（三）研究方法

本文对云存储数据安全技术的国内外专利进行了检索，采用的专利文献数据主要来自 IncoPat 专利分析平台。

在数据库中以云存储、分布式存储、数据安全、数据加密、完整性验证、数据容灾、数据备份等作为中文关键词，以及 cloud、distributed、storage、data、security、safty 等作为英文关键词，将其相关扩展词作为检索要素，并结合 G06F 小类下的分类号进行检索。检索得到全球专利申请 2793 项，中国专利申请 1173 项。

本文检索的截止日期是 2020 年 5 月 11 日。由于发明专利申请自申请日（有优先权的按优先权日）起 18 个月（主动要求公开的除外）才会被公布，实用新型专利申请在授权后才会被公布，而 PCT 申请可能需要自申请日起 30 个月甚至更长的时间才进入到国家阶段，导致其对应的国家公布日更晚，并且在专利申请公布后再经过编辑进入各专利数据库也需要一定时间，因此会出现 2019 年之后的专利申请量比实际申请量大幅减少的情况，反映到本文各图表的申请量年度变化趋势中，表现为申请量一般自 2019 年之后出现较为明显的下降。依据检索得到的结果，笔者下面将从申请趋势、申请人分布、技术分布等方面进行具体分析。

二、专利申请整体情况

（一）全球专利申请状况

1. 申请趋势

图 2－1 显示了云存储数据安全技术在全球范围内的历年申请量。从图中可以看出，2001～2008 年，每年的申请量较少，说明针对该技术的研究尚处于萌芽时期。自 2009 年

开始，申请量出现大幅增长，并保持了高速增长的态势，说明该技术是一项处于成长期的热门技术，引起了众多企业和科研机构的关注，未来仍有很大的发展空间。

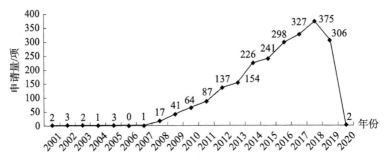

图2-1 云存储数据安全技术全球专利申请趋势

2. 申请区域分布

由图2-2可知，2009年以前涉及该技术的专利申请绝大部分为美国的专利申请，美国是云计算、云存储等技术的起源国家，在随后的发展过程中，美国的申请量持续增长，体现了明显的技术优势，在该技术领域占据世界主导地位。2009年以后，中国的年申请量开始迅速增长，并在2017年之后，超过美国。从近五年的申请量来看，该技术一直是研发的热点，具有广阔的发展前景。

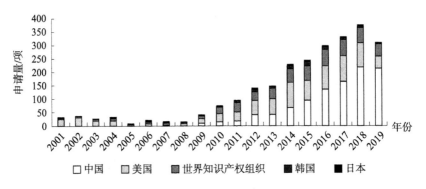

图2-2 云存储数据安全技术全球主要国家和组织历年专利申请数量趋势

3. 全球申请人

图2-3列出了云存储数据安全技术全球主要申请人的分布情况。从图中可以看出申请量排名前十位的申请人中有8家来自美国的公司，反映出美国在这一技术领域的实力和优势。其中，申请量最大的是IBM，申请量为108项。IBM作为计算机服务供应商的重要代表，提出过很多计算机相关服务解决方案的重要概念，如云计算、大数据等。随着云计算和云存储技术的发展，云存储数据安全成为IBM重要的业务发展方向，其申请量也处于领先地位。排名第二位的CLEVERSAFE成立于2004年，主要开发在企业内部和公共云服务器中使用的数据存储系统，在企业级对象存储领域属于领头羊企业。

2015 年 10 月，IBM 收购 CLEVERSAFE，成立 IBM 云对象存储部门，进一步扩大了 IBM 在这一领域的专利技术优势。另外，在 IBM 收购 CLEVERSAFE 的同年，戴尔也完成了对排名第五位的美国易安信公司（以下简称"EMC"）的收购。云存储数据安全领域的全球专利格局不断发生变化。

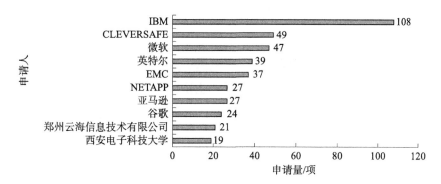

图 2-3　云存储数据安全技术全球主要申请人分布

图 2-4 是云存储数据安全技术全球主要申请人申请趋势，列出了 IBM、CLEVER-SAFE、微软和郑州云海信息技术有限公司以及西安电子科技大学自 2001 年起的历年专利申请量。可以看出，2001~2013 年，申请量起伏较大，反映出各申请人对于该技术的不断探索以及研究的日趋深入。另外还可以看出 IBM 和 CLEVERSAFE 在 2011~2015 年的申请趋势呈现出明显的一致性，说明双方在技术研发上存在紧密的联系。总体看来，IBM 和微软对于云存储数据安全技术的研发起步较早，且申请量自 2009~2010 年起逐步形成规模。郑州云海信息技术有限公司作为浪潮集团子公司，自 2013 年起开始逐步加大申请力度，说明作为中国云存储技术领域重要申请人之一的浪潮集团对于云存储数据安全技术的研发也在逐步增大力度。

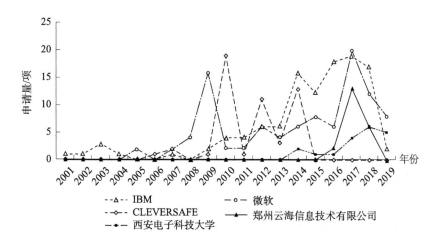

图 2-4　云存储数据安全技术全球主要申请人申请趋势

4. 重要申请人

图2-5是云存储数据安全技术全球主要申请人在主要国家/地区的专利布局，列出了国外主要申请人，如IBM、微软、谷歌等，以及国内主要申请人，如华为技术有限公司（以下简称"华为"）、阿里巴巴集团控股有限公司（以下简称"阿里巴巴"）等在主要国家/地区的专利布局情况。可以看出，国内外主要申请人对于专利布局的地域选择仍然以坚守技术原创国家/地区为主。其中，国外主要申请人充分重视通过PCT等国际专利申请渠道进行全球布局，一定程度上反映了其具有较高的技术水平和专利布局意识。国内主要申请人中，华为和阿里巴巴具有与国外主要申请人相类似的特点，充分重视通过PCT等国际专利申请渠道进行全球布局。而郑州云海信息技术有限公司、西安电子科技大学和四川中亚联邦科技有限公司（以下简称"四川中亚"）的申请均为国内申请，专利布局意识还需进一步提高。

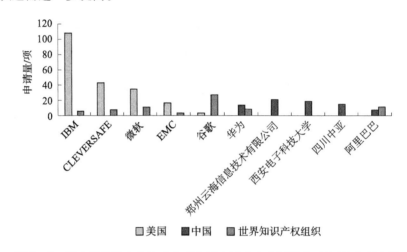

图2-5　云存储数据安全技术全球主要申请人在主要国家/地区的专利布局

据统计，微软75%的PCT申请进入了中国国家阶段，谷歌56.5%的PCT申请进入了中国国家阶段，说明微软和谷歌充分重视中国市场。阿里巴巴的PCT申请中有90%进入了美国国家阶段。华为的PCT申请中有30%单独进入了美国国家阶段，有30%同时进入了美国国家阶段和欧洲地区阶段，有10%还未确定国家阶段。可见，阿里巴巴和华为充分注重美国市场，并且华为对于欧洲市场的重视程度并不亚于美国市场和国内市场。

5. 全球发明人

如表2-1所示，云存储数据安全技术申请量排名前十位的发明人中（除去一名不公告发明人），有7位来自IBM和CLEVERSAFE，有1位来自EMC，有1位来自四川中亚。由此可见，该领域的主要发明人主要来自申请量排名靠前的几家企业（表2-1中"75（46+29）"表示75项专利申请中46项的申请人为IBM，29项的申请人为CLEVER-

SAFE，下同）。

表2-1　云存储数据安全技术全球主要发明人分布情况

发明人	申请量/项	对应申请人
Jason K. Resch	75（46+29）	IBM/CLEVERSAFE
Gary W. Grube	36（19+17）	IBM/CLEVERSAFE
Timothy W. Markison	28（13+15）	IBM/CLEVERSAFE
Ilya Volvovski	18（13+5）	IBM/CLEVERSAFE
Mikhail Danilov	19	EMC
S. Christopher Gladwin	20（12+8）	IBM/CLEVERSAFE
Manish Motwani	14（11+3）	IBM/CLEVERSAFE
Wesley Leggette	18（8+10）	IBM/CLEVERSAFE
白琼华	11	四川中亚

（二）中国专利申请状况

1. 申请趋势

图2-6显示了我国云存储数据安全技术专利申请趋势。总体来看我国云存储数据安全技术呈上升发展趋势，从图中明显可以看出该领域近年来得到了广泛的关注，并且申请量增长势头强劲，属于热点技术领域。2001～2008年，申请量整体较少，通过分析发现，申请量多为国外公司的在华申请，可见，这一时期该技术在中国的研究尚在起步阶段。从2009年开始申请量迅速增长，该技术受到国内众多企业和科研机构的关注，并且增长势头稳定，反映了其具有良好的发展空间。

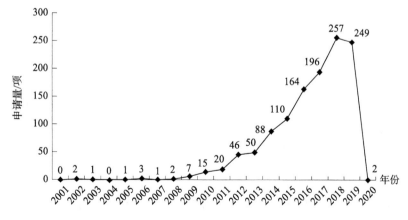

图2-6　云存储数据安全技术中国专利申请趋势

图2-7是云存储数据安全技术国内申请量主要区域分布。我国在云存储数据安全技术领域申请量排名前三位的都是科技比较发达的地区，可见这些地区对云存储数据安全技术有着较高的需求。

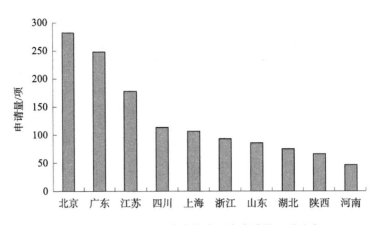

图2-7　云存储数据安全技术国内申请量区域分布

2. 中国申请法律状态

从表2-2可以看出，国内申请的已审结案件授权率为51.9%，国外来华申请的已审结案件授权率为76.3%，可见，云存储数据安全技术的相关申请授权比例较高，这也是前沿领域一个普遍的特点，这些领域产业化程度还不够高，研发的原创性较高。此外，国内申请人的研发原创性仍和国外申请人存在一定差距，技术研发能力需要进一步提高。

表2-2　云存储数据安全技术国内和国外来华专利申请法律状态　　　单位：项

当前法律状态	国内	国外来华
实质审查	609	16
授权	251	29
撤回	107	8
驳回	81	3
公开	61	2
权利终止	44	3
放弃	1	1
总计	1154	62

3. 中国申请人区域分布

图2-8示出了云存储数据安全技术中国专利申请的申请人国家分布情况。其中，中国申请人的申请量占据第一位，表明中国申请人优先在本国进行专利布局；美国申请人的申请量占据第二，体现出云存储数据安全技术的主要产出国和原创国对于中国市场的重视；德国、英国、韩国并列第三位，可见德国、英国、韩国也同样重视在中国的专利布局。

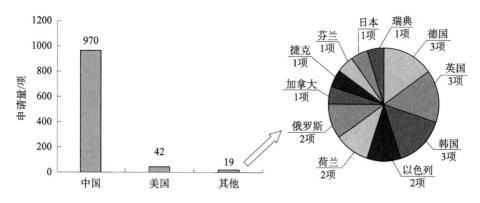

图2-8 云存储数据安全技术中国专利申请的申请人国家分布

4. 国内申请人类型

图2-9是云存储数据安全技术国内申请人类型分布情况。国内申请人以企业为主，占总申请人的63.0%，说明我国已经度过了基础研发阶段，形成了一定的产业化规模。

5. 国内主要申请人

图2-10是云存储数据安全技术中国专利申请国内主要申请人的分布情况，申请量排序前十位的申请人中有6位为高校，结合图2-9可以看出，虽然在国内申请人类型分布中企业占据了63.0%的比

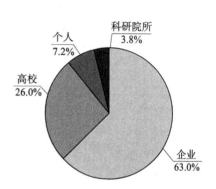

图2-9 云存储数据安全技术国内申请人类型分布

例，但是在主要申请人分布中，只有4家企业上榜，可见企业的申请总量虽然很多，但形成专利申请规模布局的企业较少。通过分析发现，中国主要申请人中的企业与高校之间并无合作，都是独立研发，高校虽然科研投入较多，但是在成果转化上效果不明

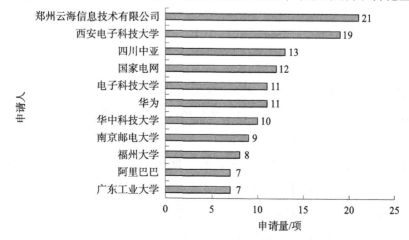

图2-10 云存储数据安全技术国内主要申请人分布

显，更多关注技术理论研究，而非开展专利产业化。华为、阿里巴巴等研发实力较强的企业并未大规模地进行申请，其原因可能是国外大公司已经形成技术壁垒，因此华为、阿里巴巴等研发实力较强的企业申请量并不高，仅是根据自身技术研发路线进行有针对性的专利布局。

6. 国内主要发明人

如表 2-3 所示，云存储数据安全技术专利申请量排名前十位的国内主要发明人中，有 4 位来自四川的企业，有 2 位来自西安电子科技大学，有 2 位来自福州大学，有 2 位来自中国科学院软件研究所。结合表 2-3 和图 2-10，可以看出，在国内，该领域的主要的发明人来自国内主要申请人的占比不高，这一点与国外主要发明人的情况不同，说明在该技术领域的研发过程中国内申请人还未形成强有力的核心研发团队。

表 2-3　云存储数据安全技术国内主要发明人分析

发明人	申请量/项	对应申请人
白琼华	11	四川中亚
蒲思羽	11	四川中亚
杨旸	7	福州大学
冯登国	5	中国科学院软件研究所
张敏	5	中国科学院软件研究所
张煜超	5	福州大学
范勇	6	四川用联信息技术有限公司
袁浩然	5	西安电子科技大学
陈晓峰	6	西安电子科技大学
刘洋	3	成都携恩科技有限公司

三、技术分析

（一）主要分支及其趋势分析

云存储数据安全技术的主要分支包括数据加/解密、容灾/备份、完整性验证以及数据一致性管理。下面就这些分支进行分析。

通过对云存储数据安全技术相关专利进行数据标引，笔者根据技术分支进行了分类。图 3-1 为云存储数据安全技术各技术分支国内外相关专利申请的分布情况，从图中可以看出，关于数据加/解密的申请最多；数据一致性管理和容灾/备份基本上持平，完整性验证的申请量最少。相对而言，国内申请人对于数据加/解密和容灾/备份两个技术分支的研发热情要明显高于其他两个分支。

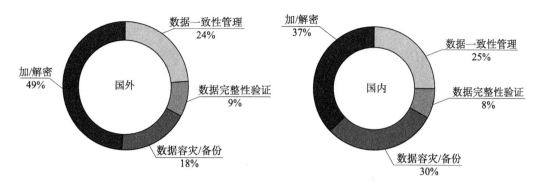

图3-1　云存储数据安全技术国内外专利申请各技术分支分布

图3-2显示了云存储数据安全技术各分支全球专利申请趋势。可以看出，加/解密技术、数据一致性管理和完整性验证技术在全球范围内增长趋势大体相同，并在2009年后出现了较快增长，体现了三种技术在全球范围内都有着较为广泛的应用，并仍处在高速发展时期。容灾/备份技术的申请量则出现过短暂的回落，这很大程度上与2008~2012年对于云计算概念的普及尚未形成规模，对于云存储数据安全的各种技术还在探索阶段有关。

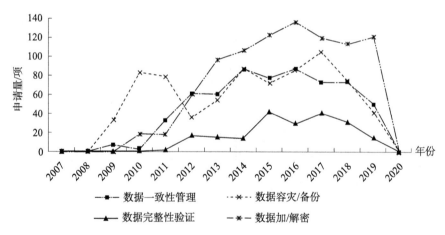

图3-2　云存储数据安全技术各技术分支全球专利申请趋势

（二）重点技术分支发展路线以及重要专利技术

以下通过对全球云存储数据安全技术的专利数据进行分析，基于引证频次、同族数量以及专利布局情况，根据重点技术的主要申请人和发明人，对四项重点技术分支的重要专利技术演进进行梳理（如图3-3所示）。

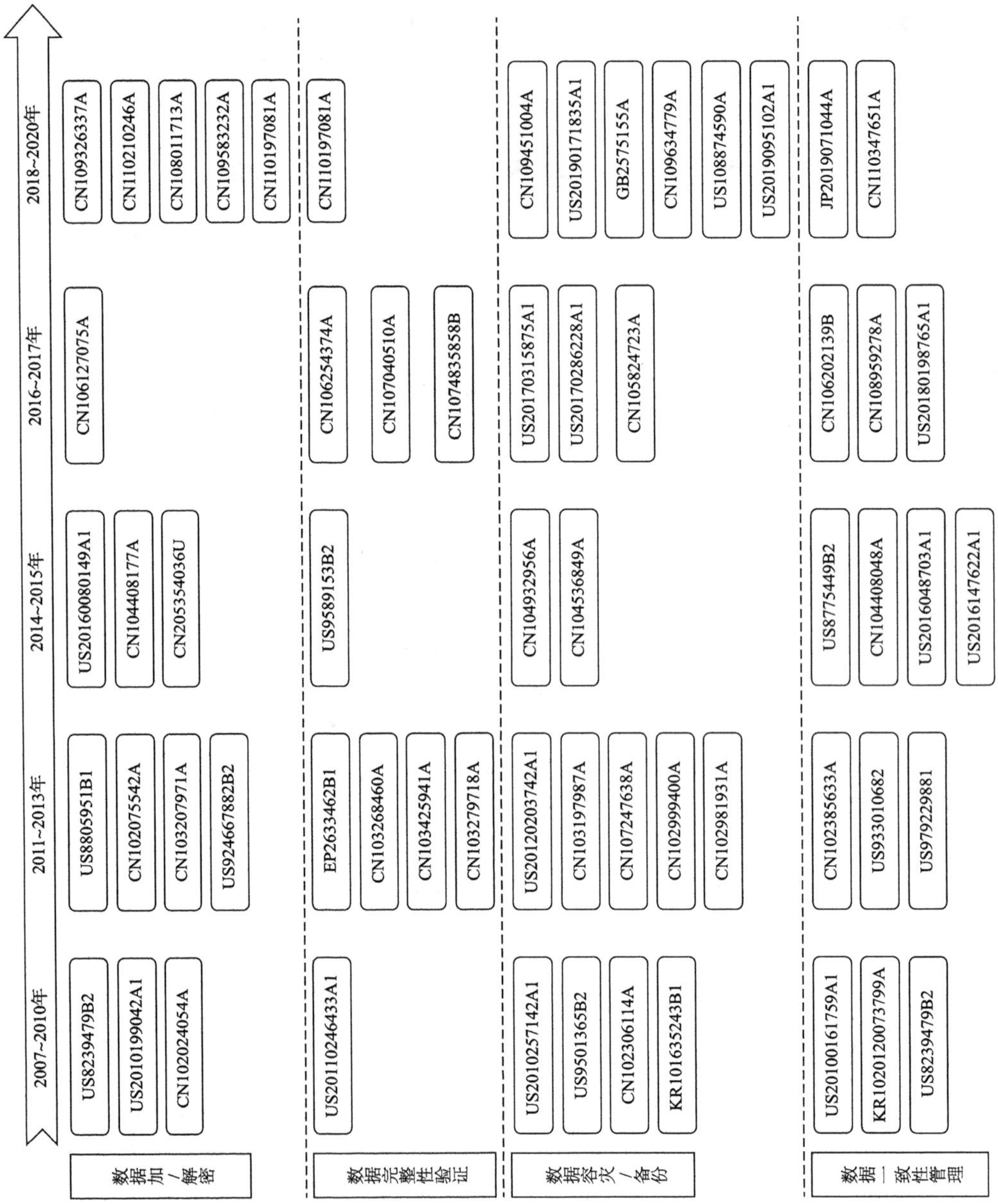

	2007—2010年	2011—2013年	2014—2015年	2016—2017年	2018—2020年
数据加/解密	US8239479B2 US2010199042A1 CN102024054A	US8805951B1 CN102075542A CN103207971A US924667882B2	US2016080149A1 CN104408177A CN205354036U	CN106127075A	CN109326337A CN110210246A CN108011713A CN109583232A CN110197081A
数据完整性验证	US20110246433A1	EP2633462B1 CN103268460A CN103425941A CN103279718A	US9589153B2	CN106254374A CN107040510A CN1074835858B	CN110197081A
数据容灾/备份	US2010257142A1 US9501365B2 CN102306114A KR101635243B1	US2012020203742A1 CN103197987A CN107247638A CN102999400A CN102981931A	CN104932956A CN104536849A	US20170315875A1 US20170286228A1 CN105824723A	CN109451004A US20190171835A1 GB2575155A CN109634779A US108874590A US20190095102A1
数据一致性管理	US20100161759A1 KR1020120073799A US8239479B2	CN102385633A US933010682 US9792229881	US8775449B2 CN104408048A US2016048703A1 US201614622A1	CN106202139B CN108959278A US20180198765A1	JP2019071044A CN110347651A

图3-3 云存储数据安全技术重点专利技术节点演进

1. 数据加/解密

数据加/解密技术是实现数据机密性的重要手段。在云存储领域，数据加密技术的专利申请一般与数据保护相关技术相互结合。2010 年，美国 TwinStrata 提出了一种用于安全可靠的多云数据复制的方法（US2010199042A1），在数据复制过程中使用数据私钥加密缓冲块中的存储卷数据，为数据更新提供了安全保障。而为了提高云存储数据的检索和访问效率，中国科学院软件研究所在 2010 年提出了一种面向密文云存储的文档检索方法（CN102024054A），在对云存储的文档进行检索时，客户端利用索引密钥将待查询文档的属性元信息进行加密后发送到服务器端从而得到对应的文档，提高了密文检索系统的安全性和检索效率。EMC 在 2011 年提出云计算应用中的虚拟机和云存储缓存技术（US8805951B1），将应用程序的私有数据以加密形式通过公共网络传输，并以加密形式存储在公共云中，提高数据访问效率和安全性。

随着云存储在国内的快速发展，国内科研院所和企业逐步对云存储数据加密技术展开研究。2011 年，中国科学院软件研究所提出一种云计算数据安全支撑平台（CN102075542A），其中，用户端将数据加密后上传给云存储系统，云数据安全服务系统用于存储安全云客户端加密上传的元信息和密钥信息，提高了数据的安全性和计算效率。2013 年，英特尔提出了一种安全云存储和加密管理系统技术（US9246678B2），其用户设备具有隐藏私钥的加密处理器，当加密资料传送到用户设备时，位于设备内的加密处理器采用私钥将加密资料解密，私钥仅在加密处理器内解密。2015 年开始，云存储数据加密技术与应用相结合与涉及用户隐私保护的专利申请量逐步增加，北京上古视觉科技有限公司在 2015 年提出了一种基于多模态生物识别技术的数据加密云存储系统（CN205354036U），将生物识别技术与文件加密进行结合，提高了云存储的安全性，保护了用户的个人隐私。2018 年，伴随着区块链技术的升温，区块链技术与数据加密技术相结合的专利申请量迎来爆发式增长。其中，西安电子科技大学（CN109326337A）提出了一种基于区块链的电子医疗记录存储和共享的模型及方法，解决了现阶段病人的个人医疗数据访问权限被控制以及敏感医疗数据无法安全存储与共享的问题。随着云存储服务的广泛使用，同态加密和基于属性的加密（ABE）在云计算应用方面的专利申请量不断增加，南京邮电大学在 2018 年提出了一种云存储中基于同态加密的密文检索方法（CN108011713A），其在计算过程中不会向云服务器和其他攻击者透露任何信息，保障了云存储数据的安全性。北京理工大学提出一种基于区块链的云数据共享隐私保护方案（CN110197081A），其采用同态密码对共享数据进行加密。深圳大学在 2019 年提出了一种基于 CP–ABE 的医疗档案管理方法（CN109583232A），提高了个人隐私数据的私密性。从技术发展来看，随着云计算的提出，国内高校、科研院所和企业在 2011 年后迅速展开研究，且从 2015 年开始，随着人们对隐私保护的重视，国内更注重对该技术的应用。

2. 数据完整性验证

云存储领域数据完整性验证技术专利申请有 70% 来自中国，但其最先由美国 XEROX 提出。2010 年，XEROX 提出了一种基于随机数的分布式云存储数据完整性验证方法（US20110246433A1），通过为数据块生成随机数并将数据块加密存储到公共云，验证文件的完整性。2011 年，德国马克斯·普朗克科学促进学会提出了一种使用存储租约保护数据完整性的方法（EP2633462B1），用于在存储租约时间段内限制与它们所关联数据的访问。为提高用户验证的准确性，降低数据交互量，2013 年，国内高校开始关注数据完整性验证的研究。北京航空航天大学提出了一种云存储数据完整性验证方法（CN103268460A），其通过密钥对叶节点进行验证。电子科技大学提出了一种云存储中基于 SBT 的数据完整性验证方法（CN103279718A），其基于节点大小平衡树进行数据完整性验证，提高了数据完整性验证的效率。2015 年，IBM 提出了通过高效的客户端操作确保云存储服务的完整性和一致性方法（US9589153B2），其中每个客户端基于提供叉线性化的协议来检测云存储服务的数据正确性。2016 年之后，关于医疗数据等应用数据的完整性验证的申请量开始增多，以提高完整性审计的效率（电子科技大学的 CN106254374A、华侨大学的 CN107040510A、西安电子科技大学的 CN107483585B）。2018 年后，与区块链相结合的专利开始出现，且申请方向侧重用户隐私的保护。北京理工大学 2019 年提出了一种基于区块链的云数据共享隐私保护方案（CN110197081A）。可见，在 2015 年之前，重点研究方向在于对数据完整性验证技术本身的改进，之后，侧重于数据完整性验证技术在各领域的应用。

3. 数据容灾/备份

云存储领域数据备份相关专利申请最先由微软提出。2009 年，微软在云存储的数据备份技术方面大量布局，申请了一系列云数据备份和恢复方法的专利。其中，最早申请的专利涉及从对等点和云中还原不同的文件和系统（US2010257142A1），该专利中的备份客户端可以从全局位置或附近对等体获得恢复所需的信息，从而减少等待时间和带宽消耗。在 2010 ~ 2014 年间，美国数据备份技术分支方面的专利申请量居世界前列，其中 NetApp、IBM、EMC 以及 NextBit 等公司迅速进行了布局。NetApp 在 2010 年提出了一种备份数据和元数据的云灾难恢复技术（US9501365B2），其采用备份元数据来恢复备份系统。IBM 在 2011 年提出了一种网络存储计算环境中的远程数据保护方法（US20120203742A1），通过数据及其相关元数据的异步复制和远程备份来使其恢复到给定时间点的状态。而在国内，2011 ~ 2013 年间，相关申请量稳步提升，广东电子工业研究院有限公司于 2010 年最先提出基于云存储的数据定时备份和恢复方法（CN102306114A），通过在数据备份和恢复时加/解密、压缩、校验等操作提升云存储系统数据备份和恢复的速度、效率以及数据传输的安全性。2012 年，中兴通讯股份有限公司（CN103197987A）、华为

（CN107247638A）、中国电信股份有限公司云计算分公司（CN102999400A）、中国联合网络通信集团有限公司（CN102981931A）于 2012 年相继提出云存储的数据备份和恢复方法，提高了用户上传数据的成功率，同时提高了云存储系统的效率。2015 年国内数据备份技术发展较快，申请量居世界首位，高校的申请量开始增加，华南理工大学提出了一种面向大数据的云容灾备份方法（CN104932956A），其通过缓存指纹库和热数据解决了传统容灾备份中数据去重技术实时性较差等问题。成都携恩科技有限公司提出了一种基于云计算的数据备份方法（CN104536849A），其通过全量数据去重，具有比传统数据备份系统更好的数据压缩效果和更短的数据恢复时间。2016 年，全球申请量达到峰值。而2016 年之后，国内的专利申请侧重于应用方向，用以提高用户体验度，如，北京春鸿企业管理咨询有限公司提出的一种对公有云存储账户的数据进行备份的方法及系统（CN105824723A）。基于云存储的增量备份的相关专利申请量也逐渐增加，2018 年，杭州电子科技大学提出了一种基于数据热度自学习的数据增量备份方法（CN109634779A），其将数据文件进行了合理的分类。美国 Quantum 提出了一种数据保护方法（US2019095102A1），其采用增量备份恢复启用跟踪的存储卷。武汉商启网络信息有限公司提出了一种云主机自动备份与恢复的系统（CN108874590A），其降低备份系统管理维护成本。从技术发展来看，美国早期就开始在数据备份技术方面积极布局，在国内 2015 年数据备份技术发展才开始加快，申请量跃居世界首位，高校申请量开始增加。2016 年之后，国内的专利申请多数是技术的应用，用于提高用户体验度，这与国内的网盘产品越来越受大众青睐有关。

4. 数据一致性管理

美国、中国云存储领域数据一致性管理技术的专利申请量分别居全球第一、第二位。关于数据一致性管理技术的专利最先由微软申请，其于 2007 年提出的一种点对点同步方法（US8239479B2），将数据的某些子集与集中的端点同步，而另一数据子集以分散的方式直接与其他端点同步。2010 年，韩国 SK 电信有限公司（KR1020120073799A）提出了一种用于该云计算系统的数据同步方法，其在物理 NAS 与虚拟 NAS 之间执行数据同步。2012 年，国内企业方正国际软件有限公司提出了一种虚拟存储目录的文件管理系统（CN102385633A），其为用户提供了透明的云存储的文件管理和调用方法，并且方便地实现了分布式存储的文件版本管理与数据同步。2014 年，微软提出了一种数据同步操作中增强的错误检测方法（US2016147622A1），用于在数据同步时提高错误检测率。而为减小访问阻碍，降低空间占用，上海爱数软件有限公司提出的一种基于云存储的文件按需下载和自动同步方法（CN104219283A），能够在不改变系统使用习惯并且不受到任何干扰的情况下完成工作，提高了用户友好性。而随着智能终端的广泛使用，2015 年，IBM 提出了通过高效的客户端操作确保云存储服务的完整性和一致性的方法

（US2016048703A1），其中每个客户端基于提供叉线性化的协议来检测云存储服务的数据正确性，从而提高用户操作效率。2018 年，KONICA MINOLTA HEALTHCARE AMERI-CAS 公司提出的一种医学成像和数据同步方法（JP2019071044A），只有在医疗应用同步时才被更新，执行更新后的文件从而保证数据同步。而为提高同步效率，降低数据同步时间，平安科技（深圳）有限公司提出了基于云存储的数据同步方法（CN110347651A），其采用数据文件标识和配置信息来发送数据文件。从技术发展来看，数据同步技术与数据备份技术密切相关，且在技术发展成熟后数据同步技术的重点转移到对各领域的应用。

四、总结

（一）技术发展现状分析及趋势预测

云存储数据安全技术前景广阔，中美两国是全球专利申请主要的技术来源国和申请目的地。云存储数据安全技术的专利申请始于 2001 年。2009 年以后，专利申请量快速增长，虽然 2012 年和 2014 年增长速度略有下降，但整体仍保持着快速、稳定的增长态势，表明该领域技术有着广阔的发展前景。并且，从专利申请区域分布来看，美国的申请量位居第一，中国位居第二，中美两国申请量占全球整体的 85.83%，远远超过其他国家和组织。2009 年至今，中国的申请量持续增长，可以看出，就该技术而言，中国的相关企业、科研院所以及高校给予了很大的重视。

中国与国外相比，云存储数据安全技术研究起步较晚，综合研发实力存在显著差距。中国的相关专利申请始于 2005 年，晚于全球首例专利申请（2001 年），在全球排名前十的申请人中，前八位均为美国企业，两家中国企业仅居前十的后两位。排名居首的 IBM 的专利申请量接近排名前十的其他公司的专利数量总和，已形成一定的技术壁垒。并且，IBM、谷歌、微软等公司积极向世界知识产权组织提交专利申请，已针对该技术进行全球专利布局。国内申请人中，郑州云海信息技术有限公司和西安电子科技大学均仅在国内进行专利申请，而华为和阿里巴巴除了国内申请外，也积极面向全球进行专利布局。

从中国以及国外来华专利申请的法律状态对比来看，中国专利申请虽然申请量多，但国内申请人专利申请的授权率为 51.9%，低于国外来华专利申请的 76.3%。同时，国内专利申请在授权后维持有效状态的比例低于国外专利申请，IBM 的 108 项专利申请中有 102 项是授权并维持有效的状态，占总量的 94.4%。CLEVERSAFE 和 EMC 的申请获得授权并维持有效的也达到了 77.6% 和 75.6% 的水平，说明其专利申请的质量较高，反映了其具有很强的技术研发实力。华为和阿里巴巴分别有 50% 和 28.6% 的专利申请授权并维持有效，但是郑州云海信息技术有限公司、四川中亚并没有维持有效的专利，可见，中国专利申请人的申请数量虽多，但质量弱于国外，综合研发实力也存在一定差距。

随着用户对云存储数据安全性要求的提高，提升云存储数据的隐私性以及对云存储数据进行加密防护成为数据加/解密技术的研究重点。其中，同态加密与基于属性的加密是研究的热点方向。数据加/解密技术与访问控制等数据保护技术相结合用于提升云存储数据的隐私性是重点突破方向。此外，数据加密技术逐步倾向于混合加密，并与访问控制等其他技术相互结合，越来越多地被应用到智能医疗、区块链等领域。

增量备份是数据备份技术的研究热点，缩短数据备份和恢复的时间、减小云存储空间占用量是重点研究方向。2015 年之后，国内高校加大了对于数据备份技术的投入和研究，数据备份技术日趋多样化和成熟，出现了自动备份、增量备份等技术，其中，增量备份是研究热点。并且，由于云存储服务越来越重视用户体验，缩短数据恢复时间、节省云存储空间成为数据备份的研发重点。

数据同步技术侧重以应用为导向，如何在应用中降低数据同步时间仍然是研发热点。近些年来，在数据备份技术发展成熟后，数据同步技术发展转移到各领域的应用，并且已应用到游戏、金融、医疗等领域中，而为了提高云存储服务对用户的友好性，缩短数据同步时间、提高网络传输效率仍然是研发热点。

数据完整性验证作为云存储的重要一环，有效的完整性审计方案将是研发重点。云存储领域数据完整性验证技术的专利申请主要来自国内，未来依然需要持续进行研发投入。涉及完整性审计方案的申请近些年逐步增多，但如何平衡审计效率和数据在第三方审计机构的安全性仍然是亟需解决的问题。此外，为兼顾节省云存储空间和数据安全，完整性验证与去除重复数据相结合的技术也是研发热点。

（二）我国云存储数据安全技术的发展建议

目前我国涉及云存储数据安全技术的单位主要有浪潮、阿里巴巴、华为、西安电子科技大学等企业和高校，研究方向涉及云存储数据安全技术的各个分支，尤其在数据加/解密和数据一致性管理方面取得了一定的研究成果和产业应用，根据我国目前的发展现状，就该技术发展提出以下建议：

1. 加大云存储数据安全技术的研发投入，把握技术领域热点方向，有针对性地提高关键技术

通过对云存储数据安全技术分析可知，数据加/解密、数据备份以及数据同步为其核心技术，其技术研发目前已经进入相对成熟的阶段。而随着用户对云存储数据隐私要求的逐步提高，国内对于提升云存储的隐私性、节省云存储时间空间的技术深度研发能力仍需提高，可以从数据加/解密与数据备份中的研究热点和突破方向着手进行研发。数据加密技术方面加强对同态加密与基于属性的加密的研发，而加密技术与访问控制等数据保护技术相互结合，提升云存储数据的隐私性依然是突破点。对于数据备份技术，技术构成呈现多方位发展的态势，增量备份是技术研究热点；在提升用户体验度方面，如何

缩短数据恢复时间、节省云存储空间成为数据备份的研发重点；此外，对核心技术进行应用转化，如在区块链、金融、智能医疗领域等方面进行应用，是近些年的发展趋势。而数据同步技术侧重以应用为导向，如何在应用中降低数据同步时间仍然是研发热点。对于数据完整性验证技术，国外相关技术的专利比重已经低于同时期国内比重，国内技术仍处于发展时期，有效的完整性审计方案将是研发重点，同时研究如何平衡审计效率和数据在第三方审计机构的安全性仍然是研究的核心问题。

目前我国有关云存储数据安全技术的核心专利较少。企业、高校、科研院所等，可根据当前该技术各项分支的优缺点、存在的问题、研究方向以及国外的发展动向、发展趋势，对重点技术进行跟踪，以重点研究技术以及新型技术为切入点，准确把握该领域技术的热点方向，紧跟技术发展趋势，提升重点技术实力，加强自主创新技术在实际应用方面的转化能力。

2. 优化研发模式，加强企业与企业之间、企业与高校和科研院所之间的合作，形成产、学、研联动格局

目前，我国云存储行业具有广阔的应用前景和市场潜力，有必要进一步优化研发模式，加强云存储数据安全技术的成果转化。建议企业积极联合高校及科研院所，进一步探索云存储数据安全技术的研发突破点，加强对技术前沿的跟踪突破；取得一定研究进展和成果的各大高校和科研院所的科研团队也应积极走出去，开展与企业的合作，促进研究成果的转化。

3. 提高专利保护意识，对重点专利及时进行海外布局

根据全球及国内主要申请人分析可知，全球主要申请人中中国国内申请人数量较少，且其专利申请和专利布局主要集中在国内，对国外市场的重视程度不够以及专利布局意识不足。因此，我国申请人应该提高专利保护意识，学习和借鉴国外企业的专利申请和保护策略，注意自身专利的挖掘和优化组合，形成一定量的专利组合，提前对国外潜在市场进行专利布局。

参考文献

[1] 张滔. 基于云存储的数据安全技术专利分析 [J]. 中国新通信, 2019, 21 (19)：167.

[2] ZHU S, GONG G. Fuzzy authorization for cloud storage [J]. IEEE Transactions on Cloud Computing, 2013, 2 (4)：422 – 435.

[3] 彭琦，程慧平. 我国云存储研究现状及趋势：基于 CNKI 的期刊论文计量分析 [J]. 湖北工业大学学报, 2019, 34 (1)：114 – 120.

[4] ABADI D. Consistency tradeoffs in modern distributed database system design [J]. IEEE Computer, 2012, 45 (2)：37 – 42.

[5] 吴红英. 云计算下数据安全存储技术研究 [J]. 计算机产品与流通, 2020 (7)：10.

[6] 魏恒峰. 分布数据一致性技术研究 [D]. 南京：南京大学, 2016.

[7] 阚志兴, 许雄凌, 陈飞. 云存储下的容灾备份技术研究与部署 [J]. 科技创新与应用, 2017 (21)：34 - 35.

[8] 姜利娟. 云数据存储保护技术研究 [D]. 扬州：扬州大学, 2019.

[9] 孔凡新. 云环境下的数据安全研究 [D]. 济南：山东师范大学, 2014.

[10] 颜学祥. 关于大数据环境下云存储数据安全的探究 [J]. 中国新通信, 2018, 20 (6)：121 - 122.

[11] 张立丽, 胡徐兵, 刘凤. 云存储平台的数据安全保护技术专利分析 [J]. 科技展望, 2016, 26 (23)：268, 270.

选择性激光烧结专利技术综述[*]

庞志鹏　张凤晨[**]　刘　岩　宋　爽

摘　要

选择性激光烧结是 20 世纪 80 年代末出现的一种新的快速成型工艺，其利用激光束烧结粉末材料的制造原理，具有原料广泛、制作工艺简单、周期短等优点。选择性激光烧结的专利申请主要涉及烧结装置、成型材料、技术应用三个方向。全球首件选择性激光烧结的专利申请出现在 1986 年，2013 年起申请量呈爆发式增长态势。首次申请国家/地区以中国、美国、德国为主，申请量较多的申请人为欧美大公司以及中国高校。在全球技术的发展过程中，研究方向由烧结装置、扫描系统等逐渐转向材料选择、组合、改性以及特定应用。国内的首次申请出现在 1998 年，自 2013 年开始快速发展，申请人集中在国内高校以及少数龙头企业。在国内技术的发展过程中，研究方向由烧结装置逐渐转向新材料研发和特定应用的定向开发。目前国内外的研究热点集中在改进材料性能、优化工艺参数、特殊场景适配等方面。我国选择性激光烧结起步较晚，应当注重深耕核心技术，加强产学研结合，促进技术转化，并且要提高保护意识，着眼海外布局。

关键词　选择性激光烧结　SLS　选区激光烧结

一、概述

选择性激光烧结（Selective Laser Sintering, SLS），又称选区激光烧结，属于增材制造技术的一种，采用激光束作为能量源，按照指定路径选择性地熔化材料粉末制作三维实体零件。选择性激光烧结的优点在于制造工艺简单、柔性度高、材料选择范围广（所采用的原料可以是塑料、蜡、陶瓷、金属或复合物的粉末）、利用率高、成型速度快、无需支撑结构等，对于小批量复杂零件、精密铸造用蜡模和砂型产品的制作具有很高的应用价值，并被广泛应用于医疗器械设备、汽车、航空航天元件的快速开发与制造等领域，

　＊　作者单位：国家知识产权局专利局机械发明审查部。

　＊＊　等同于第一作者。

是最具发展前景的增材制造技术之一。

（一）发展历史

选择性激光烧结，由美国得克萨斯大学奥斯汀分校的学者 Deckard C. R. 在其硕士论文中首次提出，随后在 1988 年成功制备出第一台选择性激光烧结成型机，并在 1989 年获得了第一件选择性激光烧结的专利（US4863538A）。该专利作为选择性激光烧结的核心专利，通过 PCT 途径向全球多个国家/地区提出过申请，并被多次引用。随后，Deckard C. R. 创建了 DTM 公司，着手对选择性激光烧结的深入研究和推广。1992 年 DTM 公司推出了基于选择性激光烧结的商业化生产设备 Sinter Station 2000 成型机，随后分别在 1996 年、1998 年推出了改良版的选择性激光烧结机 Sinter Station 2500 和 Sinter Station 2500plus。该领域的另一重要企业——EOS 公司在 1994 年先后推出 3 个系列的选择性激光烧结成型机 EOSINTP、EOSINTM、EOSINTS，分别用于成型不同材料的产品，并对成型设备的软件、硬件进行改进，以提高成型效率和质量。另外一家企业 3D Systems 在 2001 年收购了 DTM 公司后，于 2004 年左右推出了其升级产品 Sinterstation HiQ、Sinterstation HS，两套产品分别提高了材料利用率和成型速度。

国内对于选择性激光烧结的研究自 20 世纪 90 年代开始，主要以跟踪研究为主。北京隆源自动成型系统有限公司于 1995 年成功研制出第一台 AFS 激光快速成型机；华中科技大学从 1998 年开始研发具有自主知识产权的选择性激光烧结装备与材料，该技术由武汉华科三维科技有限公司和武汉滨湖机电技术产业有限公司实现产业化，研制出 HRPS 系列成型机。此外，国内进行选择性激光烧结研究和生产的还有北京航空航天大学、西安交通大学、中南大学、中北大学、湖南华曙高科技有限责任公司等多家高等院校和企业。

（二）研究对象

1. 基本原理

选择性激光烧结的原理如图 1 所示。首先，通过 CAD 模型获得加工产品每一层的加工数据信息。开始工作后，送粉缸活塞上升，通过铺粉辊筒在工作面上均匀铺上一层粉末，由控制系统控制激光按照分层轮廓对粉末进行扫描烧结，使材料烧结固化形成一层轮廓，没有烧结的位置仍保持粉末状态，作为下一层烧结的支撑。第一层烧结完成后，工作缸带动工作面下降一个分层厚度，铺粉辊筒再次铺设粉体，控制系统控制激光再次扫描形成下一层轮廓。以上述方式重复进行，逐层烧结，层层叠加后去掉多余的粉末即可获得所需三维实体结构。

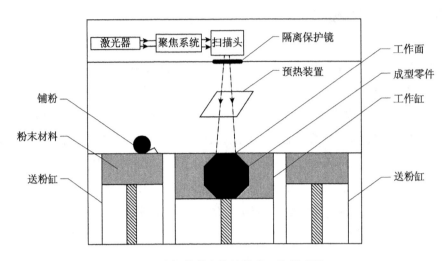

图1 选择性激光烧结技术工作原理图

2. 技术分解

根据选择性激光烧结的特点和发展情况，将选择性激光烧结划分为 3 个一级分类和 13 个二级分类，得到如表 1 所示技术分解表。

表1 选择性激光烧结技术分解表

一级分类	二级分类
烧结装置	送粉装置
	铺粉装置
	冷却装置
	加热装置
	控制单元
	激光器
成型材料	金属
	高分子材料
	陶瓷
技术应用	模具
	医用植入物
	薄壁件

3. 研究方法

本文的检索截止时间为 2020 年 3 月 31 日，在此之后公开并被检索数据库收录的专利申请未纳入本文的分析范围内。

为尽可能全面、准确地反映选择性激光烧结的现状及其发展趋势，本文的检索数据来源于国家知识产权局的专利检索与服务系统（S系统）中的数据库，以德温特世界专利索引数据库（DWPI）为主，以中国专利文摘数据库（CNABS）为辅。检索过程中，考虑到选择性激光烧结没有明确的分类号，并且该技术在烧结领域和增材制造领域均有分布的特点，因此，采用分类号结合关键词的检索策略。分类号主要包括粉末烧结和增材制造两大部分，具体涉及 B22F 3/105、B29C 67/04、B29C 64、B33Y 等。关键词的选取主要包括"激光""烧结""选""SLS""3D打印""三维打印""增材制造"等。通过相关检索并对得到的专利文献进行手动筛选和人工去噪，最终笔者在 CNABS 中检索得到专利申请共 3947 件，在 DWPI 中检索得到专利申请共 4525 件，将中外两个数据库的数据合并去重，共得到全球专利申请 5978 件。

二、全球专利申请分析

（一）年度趋势分析

截至 2020 年 3 月 31 日，涉及选择性激光烧结的全球专利申请按照申请年度的分布如图 2 所示。从图中可以看出，选择性激光烧结首次出现在 20 世纪 80 年代，1986～1998 年，每年专利申请量较少，处于技术萌芽期；从 1998 年开始，申请量呈现逐年上涨的趋势，处于技术沉淀发展期；从 2013 年开始，申请量呈现爆发式增长态势，处于技术成长期。其中近五年，即 2015～2020 年专利申请量为 4358 件，占全部申请量 5978 件的 73%（参见图 3），由此可见，选择性激光烧结目前正处于活跃期。由于专利文献公开的滞后性，其中 2018～2019 年的部分专利申请在检索截止日前尚未公开，因此，图 2 中所示的近 3 年的申请量并非实际申请情况，但总体来看，选择性激光烧结的专利申请仍处于高速增长阶段。

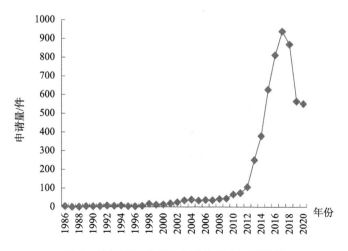

图 2　选择性激光烧结全球专利申请量趋势

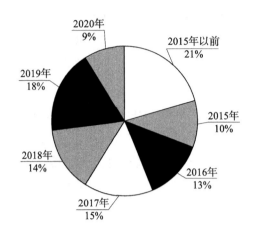

图3 选择性激光烧结全球专利申请年份分布

（二）首次申请国家/地区分析

图4示出了全球范围内选择性激光烧结首次申请国家/地区的分布情况，其中位列前三位的分别是中国、美国、德国，三国申请总量占全球申请量的79%，是选择性激光烧结发展最为蓬勃的国家。其中，中国虽不是最早开始研究选择性激光烧结的国家之一，但是其申请量已经占比53%，跃居全球首位，由此可见，该技术在国内的受重视程度和发展速度。美国和德国作为国际上开展选择性激光烧结研究最早的两个国家，其申请量依旧位于世界前列，仍然保持了技术的领先优势。

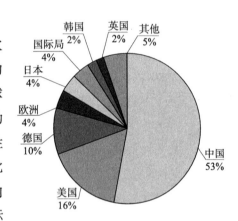

**图4 选择性激光烧结首次
申请国家/地区分布**

图5示出了各个国家/地区的选择性激光烧结的专利申请首次申请后再次向其他国家/地区申请的情况。从图5中可以看出，中国虽然申请量较大，但主要仅在国内进行专利申请，同时在多个国家/地区申请的专利申请占比不到10%，说明中国的选择性激光烧结虽然申请量较大，但是大多是在国内寻求保护，对其他国家/地区的专利布局和市场涉及较少。而首次在美国、德国、英国、欧洲申请的专利，大部分也在多个国家/地区也申请了专利保护，其占比达到60%以上，说明上述国家/地区的申请专利虽然在数量上相较中国不占优势，但是上述国家/地区的申请人十分重视全球的专利技术保护，注重对外的技术输出，展现了对于全球市场的重视。

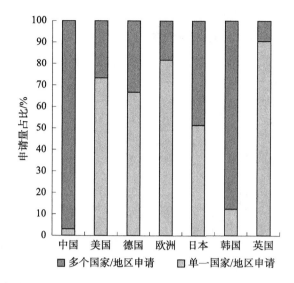

图5　选择性激光烧结全球专利申请首次申请后向其他国家/地区申请情况

（三）全球专利公开的国家/地区分布

图6示出了选择性激光烧结在全球的专利申请公开国家/地区的分布情况，也反映出国际市场分布的大致情况。从图6中可以看出，选择性激光烧结在中国的公开量最大，为35%，这说明中国不但是选择性激光烧结最大的申请来源国，同时也是该技术最大的目标国；其次，美国、欧洲所公开的数量相差不大，分别为14%、11%，说明选择性激光烧结在美国和欧洲的市场也是非常受重视的。

（四）主要申请人分析

图7示出了全球范围内选择性激光烧结的主要专利申请人以及相应的专利申请量。可以看出，全球范围内主要申请人主要由美国、德国的公司

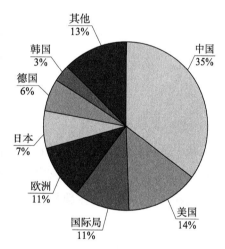

图6　选择性激光烧结全球专利申请公开的国家/地区分布

和中国的高校构成。申请量位居前三位的分别为通用电气公司、EOS公司、华中科技大学。其中EOS公司是进入增材制造行业较早的企业，其在成立初期就注重全方位的专利布局，并在之后的研究过程中不断丰富其专利构成，该公司的主要技术包括设备、工艺、材料、配套软件等多方面，在近些年依旧保持着其增材行业巨头的地位。而通用电气公司与之不同，该公司是传统工业企业加入增材制造市场取得巨大成功的代表。通用电气公司虽然进入增材制造领域较晚，但近年来在选择性激光烧结方面的专利申请量跃居全球第一，通过收购两大金属增材制造巨头德国Concept Laser和瑞典Arcam，掌握了选择

性激光烧结的核心技术，并不断推动选择性激光烧结由基础研究转向大规模应用。而华中科技大学作为国内较早开展选择性激光烧结研究的高校，在这些年不断推进着选择性激光烧结的发展，在装置、方法、材料、应用等方面均有涉及。

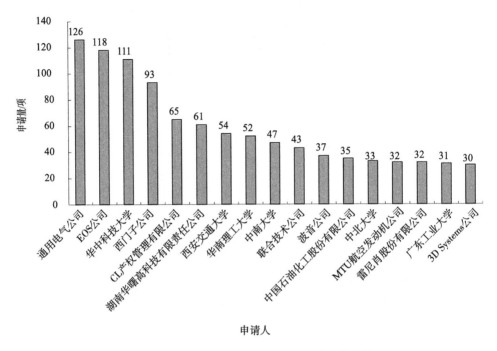

图7　选择性激光烧结全球专利主要申请人申请情况

（五）重要专利分析

被引证次数代表着专利技术的关键性和对后续研究发展的影响力，一般情况下，被引证次数高的专利可认为是该技术领域的核心专利。本节通过对选择性激光烧结中被引用次数较多的专利进行梳理和分析，旨在展现该技术分支的发展脉络和趋势以及主要技术路线。

1. 烧结装置设计

美国得克萨斯大学奥斯汀分校的学者 Deckard C. R. 于 1986 年首次对选择性激光烧结进行了专利申请（US4863538A），并于 1989 年 9 月获得授权。这项专利是选择性激光烧结的原始性基础专利，详细阐释了选择性激光烧结的成型原理和设备结构（参见图8）。其通过粉末逐层烧结叠加成型，形成形状复杂的多层固体结构，所使用的粉末可以是金属、陶瓷或聚合物。具体成型过程为：通过计算机控制激光能量按设定的路线射向粉末层，形成一层完整的烧结层，再通过激光将粉末层的截面边界烧结以稳定该层结构，之后在烧结完毕的层上再次铺粉，完成下一层的烧结，循环往复的层层烧结，直至完整的零件烧结完成。

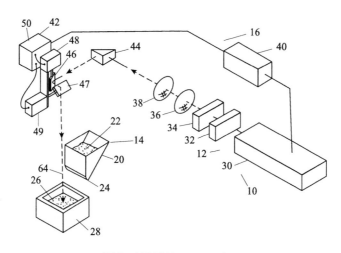

图 8　US4863538A 示意图

之后，Deckard C. R. 成立了 DTM 公司，开展选择性激光烧结的深入研究，基于选择性激光烧结技术所成型的产品容易发生严重的翘曲和收缩变形的问题，DTM 公司在选择性激光烧结装置的加热、冷却结构上进行改进，从而控制加工过程中材料、工件温度保持均匀，减小变形引起的翘曲。

1992 年 DTM 公司提交的专利申请（WO9208592A1）通过改进冷却装置结构，解决了零件在加工过程中冷却不均匀的问题（参见图 9）。该申请通过设置挡板控制气体流向，将气体与激光束同轴地引导至工件表面，并在腔室底部、工件的多个侧面上设置通风口，从而将气体流动方向引导成与工件基本垂直，以提高对工件冷却的均匀性，另外，该专利申请还通过控制冷却气体的流速、温度等，精准地控制工件的表面温度，保证工件表面温度基本均匀，降低了热收缩的不一致性。

1996 年，EOS 公司提交的专利申请（US5908569A）对加热结构作出了改进（参见图 10）。该专利申请为了保证成型粉末材料在烧结前具有均匀的温度，对预热装置的形状和布置位置进行了优化，将圆环形的热辐射加热装置改变为布置在工作台侧边的多个带状的辐射加热装置，改善了在成型矩形材料时预热不均匀的情况。

1996 年，EOS 公司提交的专利申请（US5730925A）对选择性激光烧结装置的铺粉方式进行了改进（参见图 11）。该申请的涂覆装置将材料涂覆在已经烧结完毕的材料上，涂覆装置的铺粉头具有左右两个侧面，两个侧面与底面连接处分别形成有边缘部分，两边缘部分与底面形成一定夹角，两个夹角的角度不同，可以在铺粉过程中保证铺粉时粉体平整，同时回程时不易对材料造成破坏。

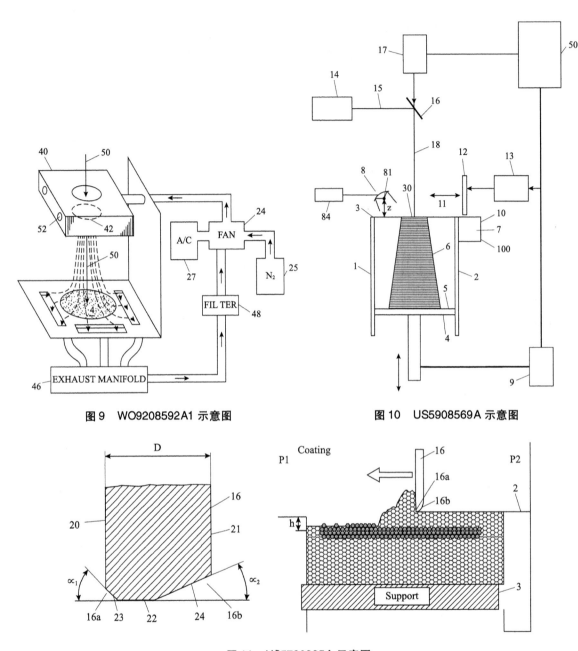

图 9　WO9208592A1 示意图

图 10　US5908569A 示意图

图 11　US5730925A 示意图

随着科技发展水平的不断进步，传感器和电控技术逐渐成熟并被广泛地应用在机械制造行业，为提高选择性激光烧结装置的成型质量和精度发挥着重要作用。

2003 年，3D Systems 公司提交的专利申请（US2004200816A1）通过广域热视觉系统，例如热成像系统、红外摄像机，在目标区域上对顶部粉末层不同位置的温度进行成像，经过反馈调整目标区域上方的分区辐射加热器的辐射热量，实现了不同位置温度的调整（参见图12）。该专利申请可以提高目标材料整体温度的均匀性，减小材料的变形和卷曲，改善粉末顶层的总体温度。

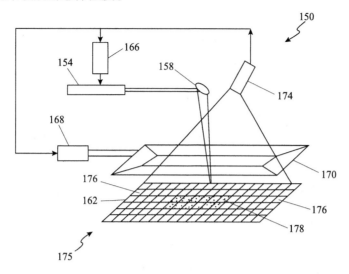

图 12　US2004200816A1 示意图

2007 年，EOS 公司提交了专利申请（US2009152771A1），该专利申请采用空间分辨检测技术，通过检测铺粉位置的粉末层的 IR 辐射图像，从而确定铺粉的缺陷位置并检测不平度，该专利申请可以有效地反馈铺粉情况以消除铺粉缺陷。

2. 扫描路径优化

由于选择性激光烧结是在一定路径设计下逐层烧结实现成型的，因此，其在成型路径的选择上具有很高的灵活性，而不同的路径选择所成型的产品的性能也存在一定差异，因此，对于路径选择的优化一直是研究的重点。

DTM 公司于 1992 年提交的专利申请（US5155324A）通过设计烧结路径，解决了成型的零件存在各向异性的问题（参见图 13）。该申请通过计算机控制调整激光反射镜的角度，使激光在扫描每一层时扫描路径旋转一定角度，在不同的方向上选择性烧结零件，使临近两层的烧结路径不重叠，从而解决了在热收缩过程中造成的形变严重的问题。

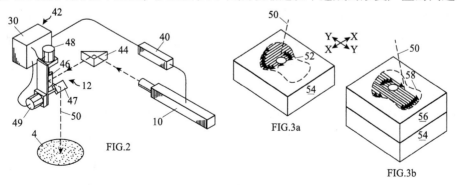

图 13　US5155324A 示意图

1992 年，DTM 公司提交了专利申请（US5352405A），该专利申请通过优化同一层的扫描路径，解决了成型工件纹理完整性不一致、同一层不同位置激光热效应不一致的问题（参见图 14）。该专利申请在完成相邻路径激光扫描的过程中，前一次和后一次扫描的路径部分重叠，通过错位的烧结路径消除了路径之间的烧结缺陷，减少了热收缩过程中路径间的收缩差异；

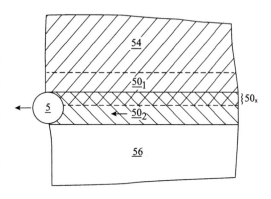

图 14　US5352405A 示意图

同时该专利申请还通过调整激光扫描返回的时间，减少了激光头在各层之间返回时间的差别。

2002 年，3D Systems 公司提交了专利申请（US2003028278A），该专利申请对每层的激光烧结路线进行了优化。其通过平行光栅扫描线对粉末进行逐层烧结，在相邻的上下层间，平行的扫描线彼此错开一段间距，该技术能够保证上下两层的扫描路径不完全重叠，避免产生应力集中，从而在不增加扫描次数的情况下提高制品的强度。

3. 成型材料选择

随着技术的发展，材料自身的性能已经成为影响产品质量的主要原因，因此，对于材料选择、组合、改性的研究逐渐成为全球的热点。

1997 年，DTM 公司提交了专利申请（US6136948A），该专利申请对选择性激光烧结的材料进行了改进，其采用聚酯基聚合物、尼龙、聚缩醛、聚丙烯、聚乙烯或离聚物作为成型粉末材料，该材料的优势在于粉末的熔点为 200℃，结块温度大于软化温度，熔融峰与重结晶峰的重合为 13℃ 以下，该专利申请能够消除选择性激光烧结生产的零件的内部卷曲和平面内变形问题。

1998 年，EOS 公司提交了专利申请（US6245281A），该专利申请对选择性激光烧结的材料进行了选择，采用熔融温度为 186～188℃，熔融熵为 100～125J/g，固化温度为 140～142℃ 的聚酰胺。该材料不需要过高的能量即能实现烧结成型，同时该材料更适合重复使用，制成成品孔洞较少、强度较高、吸水率低、收缩率低，且具有较高的韧性和良好的稳定性。

2004 年，EOS 公司提交了专利申请（US2005207931A1），该专利申请通过选择并改性选择性烧结粉末材料，提高产品的机械性能。该专利申请使用的粉末材料含有呈球形的粉状的芳族聚醚酮，其具有氧基 -1，4 - 亚苯基 - 氧基 -1，4 - 亚苯基 - 羰基 -1，4 - 亚苯基重复单元；同时该粉末材料还包括至少一种增强和/或加强型纤维。得益于该材料优良的流动性，该专利申请所成型的产品能够具有良好的机械性能和热性能。

4. 技术应用拓展

近些年，随着选择性激光烧结的日渐成熟，该技术从基础研究逐渐走向了商业化应用，以特定应用为导向的定向开发成为新的研究趋势。

2008 年，康复米斯公司提交了专利申请（US2008195216A1），该专利申请提出通过选择性激光烧结的方式，制造用于修复膝关节中关节表面的产品。同一时期，也出现了许多关于选择性激光烧结应用的专利申请，例如 US2012117822A1、WO2011036068A2、US2010286783A1、US2010028191A1、US2014249643A1 等，这些专利申请的应用方向涉及形状复杂的航空元件、医疗植入件、服饰配件等，这标志着选择性激光烧结逐渐走向产业化应用的开发研究阶段。

2009 年，霍梅迪卡骨科公司提交了专利申请（US2009286008A1），该专利申请着眼于通过选择性激光烧结制造多孔材料。在成型过程中，将第一层由钛、钛合金、不锈钢、钴铬合金、钽或铌制成的粉末沉积到基材上；在第一层粉末上进行激光扫描，通过控制扫描过程中激光束的功率、扫描速度、光束重叠值，可以形成预定孔隙率的产品，将粉末的一层或多层沉积到第一层上；对每个连续的层重复激光扫描步骤，直到达到所需的材料高度，从而成型获得三维多孔材料。

2016 年，霍梅迪卡骨科公司再次提交了专利申请（US2017014235A1），与该公司此前通过直接烧结形成带有孔隙的三维多孔材料的制造方法不同，该专利申请通过选择性激光烧结逐层沉积生产出类似于晶胞结构的三维多孔结构（参见图 15）。该专利申请可以精确地控制三维晶胞结构的孔隙、键长、体积等参数，可用于生产形状复杂且孔隙结构要求精度高的零件，如广泛地应用于医疗植入物的零件。

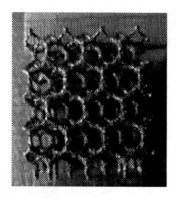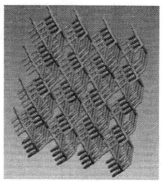

图 15　US2017014235A1 烧结材料示意图

三、中国专利申请分析

截至 2020 年 3 月 31 日，选择性激光烧结在中国的专利申请量为 3947 件，其中中国本国申请人提交的专利申请（以下简称"国内申请"）为 3172 件，国外申请人共申请 775 件。

（一）年度趋势分析

图 16 反映了选择性激光烧结在中国的专利申请量趋势。可以看出，选择性激光烧结在国内的首次申请出现在 1998 年，2012 年以前每年的申请量并不大。自 2013 年开始，选择性激光烧结在国内呈现快速发展态势，申请量迅速增长。

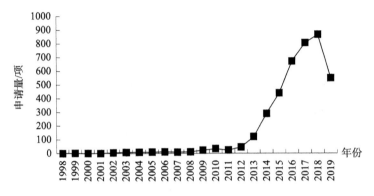

图 16　选择性激光烧结中国专利申请量趋势

（二）来源国家/地区分析

图 17 显示了在中国提出选择性激光烧结的专利申请的来源国家/地区占比。在中国的全部 3947 件专利申请中，国外申请人提出的申请为 775 件，占总申请量的 20%，国内申请为 3172 件，占总申请量的 80%。可以看出，国内申请人在国内进行了大量的专利申请，选择性激光烧结在国内有了长足的发展。美国为国外在华申请最多的国家，其申请量为 344 件，占了总申请量的 9%，其次是德国，占总量的 4%，由此可见，美国和德国非常注重专利布局并十分重视中国市场，这也反映出选择性激光烧结未来在中国的良好发展态势和应用前景。

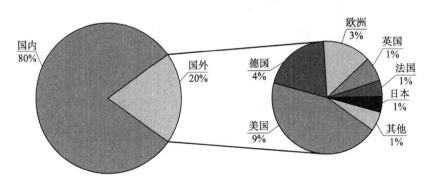

图 17　选择性激光烧结中国申请量来源国家/地区占比

（三）申请人分析

图 18 示出了选择性激光烧结中国申请的主要申请人。申请量位居第一的是华中科技大学，共 111 件。申请量位居前十的申请人中，以国家/地区划分，中国申请人占 8 成，外国申请人仅占 2 成，由此可见，选择性激光烧结在国内的专利申请还是以中国申请人为主。虽然国内开展选择性激光烧结研究的时间较晚，但是经过一定时期的发展后，已经建立了良好的研究基础，并得到了较为广泛的应用推广，同时国内申请人的专利保护意识也有所提高。中国申请量排名前十的国内申请人以申请人类型划分，多数为高校，企业申请人占少数，由此可见，我国在选择性激光烧结方面的发展主要还是以研究为主。值得注意的是，国内申请量排名第二的申请人为湖南华曙高科技有限责任公司，申请量共为 61 件，由此可见，在我国选择性激光烧结的发展过程中，已逐渐衍生出少数技术领先的龙头企业，其能够带动技术从研究逐步向产业应用发展。

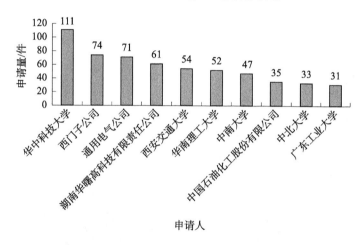

图 18　选择性激光烧结中国申请主要申请人

图 19 示出了选择性激光烧结的中国申请申请人类型。从图中可以看出，企业申请人占中国申请量的一半以上的申请人，占申请总量的 53%，高校的申请量居第二位，占申请总量的 32%。结合图 18 进一步分析可知，虽然国内专利申请中申请人以企业为主，但这些申请多是小公司的少量申请，多数公司的技术积累还不够深厚；而高校申请人的申请总量虽然不如企业申请人多，但是一些技术积累深厚的高校却能够有丰富的专利申请产出，并形成一定的专利布局，其中一些高校如华中科技大学也具备将生产设备商

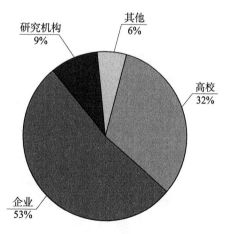

**图 19　选择性激光烧结中国
申请申请人类型分布**

品化的能力。这说明我国越来越多的企业开始重视对选择性激光烧结业务的发展，但是大多数企业在选择性激光烧结方面属于仍起步阶段，需要深入地自主研发和长时间的技术积累。

图20示出了选择性激光烧结中国申请的主要申请地域分布。我国选择性激光烧结的申请量主要分布在北京，而后依次是湖南、江苏、湖北和陕西。湖北和陕西依托于高校的优势跻身申请量的前列，分别位于第四、第五位；湖南不但有科研水平较强的高校，而且包括湖南华曙高科技有限责任公司等国内顶尖的选择性激光烧结企业，申请量排名在第二位；北京虽然没有单个申请量较大的高校或企业，但是北京依靠其高水平学校、研究机构、高新技术企业众多的优势，在申请量排名中名列第一。总体来看，选择性激光烧结的国内申请主要集中在高等院校聚集和经济较发达地区，说明选择性激光烧结的发展需要依托于良好的科研基础，做好高校、科研机构的技术产业化应用是推动选择性激光烧结发展的重要途径。

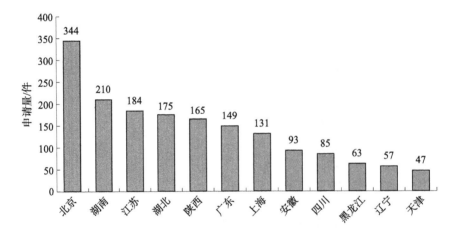

图20　选择性激光烧结中国申请主要申请地域分布

（四）重要专利分析

1. 烧结装置设计

烧结装置是选择性激光烧结生产的基础，我国早期的专利申请主要围绕烧结装置进行改进。激光器是烧结装置的关键结构，直接影响产品的质量性能。1998年，华北工学院（中北大学）提交了专利申请（CN1213598A），参见图21，该专利申请将透镜激光束设置为透镜前扫描方式，激光器具有可独立驱动的各阵列激光元，用计算机控制光功率的输出与否，再通过各激光元相应的光学系统形成阵列式能量源，实现了材料的逐层选区添加，能够直接制造三维型体。

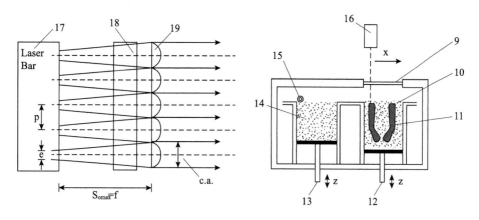

图21　CN1213598A 示意图

1999 年，华中理工大学（华中科技大学）提交了系列专利申请（CN2389747Y、CN2372077Y），参见图 22。该系列专利申请通过设置激光器的双轴联动传动装置，提高了选择性激光烧结设备的加工精度和加工效率，适用于高速、大位移以及高温环境工作。

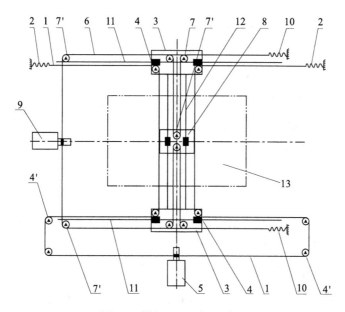

图22　CN2389747Y 示意图

送粉铺粉装置的效率直接影响加工效率和产品的质量。2010 年，武汉滨湖机电技术产业有限公司提交了专利申请（CN101885062A），参见图 23。该专利申请中的铺粉斗含有前斗和后斗，前斗和后斗穿过联接板分设在压粉辊两侧，该铺粉头能够双程铺粉，并提高了材料的冷却速度。该专利申请在未降低产品质量的情况下，显著地提高了成型速率。

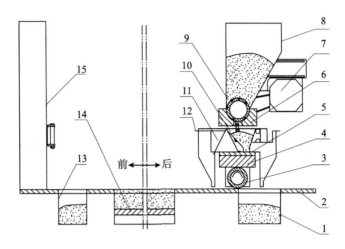

图23　CN101885062A 示意图

随着产业结构升级，绿色节能成为烧结装置发展的又一方向。2013 年，西安交通大学提交了专利申请（CN103447528A），参见图24。该专利申请中的成型装置包括从下往上逐渐缩小的伸缩罩，成型基板固定在底板上，伸缩罩下端固定在底板周边，底板通过下夹紧件与电动推杆上板相连，成型过程结束之后，只需将伸缩罩取出即可实现制件的取料，并清除剩余粉末，不需要额外的设备来清理剩余的粉末，改善了工作人员的劳动环境。

2. 技术应用研究

选择性激光烧结具有制造工艺简单、周期短的特点，其在产品研发和定制型产品的技术应用领域占有优势，比如模具制造、医用植入物等领域。

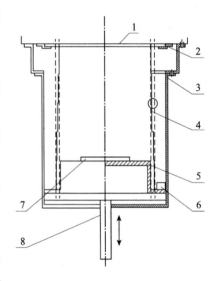

图24　CN103447528A 示意图

2006 年，华中科技大学提交了专利申请（CN1970202A），该专利申请采用选择性激光烧结快速制备注塑模具，利用环氧树脂或丙烯酸固化体系对注塑模具镶块进行表面涂覆，实现了国内选择性激光烧结在注塑模具制造工业的应用。2009 年，哈尔滨工业大学提交了专利申请（CN101462151A），该专利申请采用选择性激光烧结快速制备铸造模具，缩短了铸造模具的制造时间，降低了模具研发成本，提高了传统航天设备铸造的生产效率。

3. 成型材料的选择

选择性激光烧结是依靠粉末材料烧结而成的，因此，粉末材料的质量是决定最终产品性能的关键因素，它直接影响烧结试样的成型速度、精度和物理、化学性能。自 2008 年以来，我国的相关企业和高校就金属、高分子材料、陶瓷等材料进行了深入的研究，涉及选择性激光烧结材料的专利申请大幅增加。2008 年，华中科技大学提交了专利申请（CN101319075A），该专利申请采用苯乙烯－丙烯腈共聚物、炭黑和流动助剂等作为材料，与传统 PS 材料相比，其成型温度与成型精度接近而材料强度大大提高。同一时期，华中科技大学还提交了涉及非金属材料尼龙、陶瓷粉末的多件专利申请（CN101138651A、CN101148541A、CN101148540A），提高了相应材料产品的加工精度与强度。

2009 年，东北林业大学提交了专利申请（CN101602871A），该专利申请由热熔胶粉末、经碱化处理的木粉、降黏剂、偶联剂、引发剂、光稳定剂和有机填料制成木塑复合粉，提高了选择性激光烧结快速成型木塑复合粉的成型精度。

2010 年，湖南华曙高科技有限责任公司提交了专利申请（CN102311637A），该专利申请涉及尼龙复合材料及其制备方法，通过该方法可以提供更低密度的材料，减轻制件重量，提高制件的比强度和比刚度，适用于航空航天等对制件重量敏感度高的制造领域。同年，该公司还提交了一系列专利申请（CN102140246A、CN102337021A、CN102372918A），对多种方向改性尼龙复合材料和相应制造方法进行了研究改进，对尼龙材料进行选择、改性和对制备方法进行优化。

2014～2016 年，湖南华曙高科技有限责任公司还提交了多件专利申请（CN103951971A、CN104710786A、CN105754333A、CN106832910A、CN105820561A），这些专利申请根据产品的应用场景不同，通过添加改性材料来提高产品的强度、韧性、导电性、抗菌性等性能，从而适应不同的、复杂的应用场景。此外，这一时期，该公司还针对尼龙材料中常用的聚酰胺进行了研究，并提交了多件专利申请（CN104385608A、CN106905693A、CN106700529A、CN107141769A 等），这些专利申请通过对聚酰胺粉末进行改性，提高了材料的烧结性能，能够成型形貌、综合性能更佳的产品。

2017 年，湖南华曙高科技有限责任公司再次提交了专利申请（CN107337791A），该专利申请对材料的光性能进行研究改性，选择具有长碳链结构的酸、具有侧链或环状结构的胺，或者具有侧链或环状结构的酸、具有长碳链结构的胺，制备的烧结件的透光性得到显著提高。该公司同一时期还就烧结原料吸光性进行了研究，以减少制件的孔隙，从而提高了综合性能（CN107513161A、CN108164719A）。

四、结论与展望

（一）对选择性激光烧结发展趋势的分析

自 1988 年 Deckard C. R. 成功地制备出第一台选择性激光烧结成型机起，在过去的 30 多年中，选择性激光烧结取得了长足发展，此项技术已经从初步的理论设想逐步走向产业化应用。但在其发展过程中，该技术仍存在诸多问题，如：成型系统的速度、精度不能达到工业化生产水平，成型产品的强度、韧性、表面粗糙度等与由传统铸锻工艺所制得的产品还存在一定差距，激光工艺参数的选择对零件质量影响敏感等。针对以上问题，国内外各大企业、研究机构也进行了全面系统地研究，目前的研究热点主要集中在以下几个方面：

1. 改进材料性能

由于选择性激光烧结是依靠粉末材料烧结而成的，因此，粉末材料的质量是决定最终产品性能的关键因素，它直接影响烧结试样的成型速度、精度和物理、化学性能。在过去的研究中，材料的选择、制备一直是研究重点，也取得了一定成果，但目前所使用的粉末材料的性能并未达到理想状态。选择性激光烧结的成型产品，尤其是金属产品的综合性能仍然远不及传统的铸锻成型方式生产出的产品，研制出适用于选择性激光烧结工艺的专用材料仍然是现阶段的研究重点。

2. 优化工艺参数

在选择性激光烧结过程中，激光功率、扫描方式、路径规划、粉末颗粒大小、冷却方式等均决定了选择性激光烧结制品的最终质量。自选择性激光烧结产生以来，对工艺参数的优化一直都是国内外研究的重点，而随着国内外各界对选择性激光烧结制品质量要求的日益增高，如何在复杂的成型条件下对工艺参数进行选择、优化仍然是研究的重点方向。

3. 特殊场景适配

随着选择性激光烧结的日趋成熟，针对技术应用的开发研究渐渐成为各大企业的重点研究方向。同时，得益于选择性激光烧结使用粉末选材广、成型形貌灵活的特点，此项技术可以生产适用于众多场景的产品，这使得近些年来针对不同应用场景产品的定向开发研究逐渐成为热点，其中包括提高产品的导电性、导热性、轻量化等诸多应用导向的技术研发。

（二）对我国选择性激光烧结未来发展的建议

我国选择性激光烧结起步较晚，产业化程度较低，但是近十年来发展较为迅速，在技术的深度和广度上均取得了一定的进步。高校、科研机构在设备、材料、工艺的研究上也取得了一定的成就，其中不乏一些持有重要专利技术的企业崭露头角。但目前我国选择性激光烧结的发展状况仍存在一些问题，现根据以上对专利技术现状的分析，针对所存在的问题对我国选择性激光烧结的发展提出如下建议：

1. 深耕核心技术，实现弯道超车

我国对于选择性激光烧结的研究开发工作，开始主要以跟踪研究为主，在国外设备、工艺的基础上进行简单的优化改性，涉及核心技术方面的专利申请份额较小。随着国内高校、科研机构对选择性激光烧结研究的日渐深入，我国在激光扫描系统、粉末材料的

制备等方面取得了一定的突破；依托于归国研发团队将先进的技术理念落地国内企业，高新技术企业在特殊产品的研发和特定工艺的研究上也取得了一定成绩。但是总体来说，我国选择性激光烧结距离产业上的规模化应用还有一定差距。国内的高校、企业应当取长补短，将更多资源投入到优势技术、核心技术的研发中，大力发展以应用为导向的选择性激光烧结研发，借鉴、融合传统成型技术的优势，开辟出一条适合我国市场环境、技术特点的发展道路，力争在全球市场竞争中占有一席之地。

2. 加强产学研结合，促进技术转化

从中国的选择性激光烧结专利申请的情况来看，虽然在申请数量上企业申请人占比较高，但是多为小规模的零散申请，拥有较大产能和专利申请量的企业仍是少数，国内的重要申请人仍以大学或科研机构为主，中国申请量排名前五位的本国申请人中只有一位属于企业类型申请人。为形成专利与技术升级的良好协同发展形态，我国企业、高校要积极加强合作，例如西安交通大学、华南理工大学、中南大学等拥有良好技术基础的高校，可以参照华中科技大学的产业化合作模式，积极将技术成果进行转化，联合申请专利。

3. 提高保护意识，着眼海外布局

目前，选择性激光烧结的中国专利申请量位于世界首位，但是多为仅在中国一个国家申请保护的专利申请，国内企业、高校在国外申请的专利很少，对外布局意识不够强。而美国、德国等选择性激光烧结的传统技术强国，虽然在全球总申请量上不及中国，但是其专利申请多在多个国家/地区申请保护，在全球形成了周密的专利布局，构成了致密的专利保护网络，这无疑阻碍着中国企业向全球发展，对我国企业的技术研发和产品销售都构成了严重的制约和壁垒。国内申请人应当注重提高专利战略和布局能力，对涉及核心技术和重要技术的科研成果，要有向国外积极申请专利的意识，以在国际市场竞争中占得先机。

参考文献

[1] 任继文，彭蓓. 选择性激光烧结技术的研究现状与展望［J］. 机械设计与制造，2009，10，266－268.

[2] 杨铁军. 产业专利分析报告（第18册）：增材制造［M］. 北京：知识产权出版社，2014，23－43.

[3] 刘艳丽，何微，吴鸣. 3D打印巨头3D SYSTEMS公司专利态势分析［J］. 科学观察，2018，13（1），42－56.

云计算中快照专利技术综述*

刘启军　吴海旋**　朱嘉玮　牛洪波

摘要　云计算技术不断发展，对数据的备份和恢复的要求越来越高，快照技术旨在解决传统数据备份技术存在的备份窗口、恢复时间目标（RTO）和恢复点目标（RPO）过长的问题，已被各大企业广泛研究和使用。本文从全球视角，对快照的实现技术、传输与存储技术进行了较为全面的专利分析，结合快照的一致性问题，对行业专利技术进行了挖掘和梳理，并进一步对多个技术分支的实现细节进行分析和归类。本文总结了云计算中快照技术发展的整体趋势、技术脉络及重点的技术布局态势，对快照技术未来发展方向进行了探索。

关键词　快照　备份　云　存储　传输

一、简介

通过云平台对应用系统进行部署与管理，能给工作生活带来极大便利，但云平台一旦出现故障，会造成数据丢失、无法恢复或恢复后的重复执行等问题，带来的损失不可估量；当备份的数据量较大时，又无法在有限的时间内完成备份和恢复。以上问题可通过快照（Snapshot）技术来解决。

存储网络行业协会（SNIA）将快照定义为"指定数据集合的一个完整可用拷贝，该拷贝包括相应数据在某个时间点（拷贝开始的时间点）的映像"。在快照时间点对数据对象进行逻辑复制操作，使得快照的备份动作可以在很短的时间完成。

图1是快照技术在云备份系统中应用的示意图，备份服务器（Snapshot Backup Server）针对生产服务器（Production Server）中多种对象及其元数据创建快照，并对其进行转换、合并、压缩等处理后，发送给本地存储服务器存储，考虑存储的扩展性和快照对象运行的需求，快照进一步被存储到不同介质的远程分布式系统和云端；快照恢复则与此过程

---

　* 作者单位：国家知识产权局专利局专利审查协作河南中心。
　** 等同于第一作者。

相反。本文将快照备份在系统中分为快照实现、快照传输与存储两个阶段。下面简单介绍快照备份系统中的基本技术。

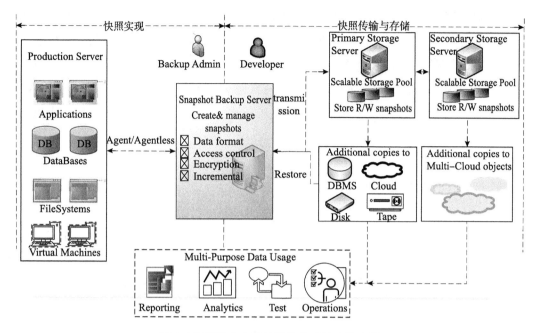

图1　快照技术在云计算备份系统中的应用

（一）快照实现技术

快照备份和恢复的实现中，常用的几个基本技术有：镜像分离（Split Mirror）技术、写时拷贝技术（Copy on Write，COW）、写时重定向技术（Redirect On Write，ROW）等。

镜像分离技术，是将同一数据的两个副本分别保存在由源数据卷和镜像卷组成的镜像对上，形成数据卷的完全镜像。

COW，是创建快照后，快照卷与源卷通过各自的指针表共享同一份物理数据。如果源卷的数据发生变化，快照系统首先将原始数据拷贝到快照卷对应的数据块中，然后再对源卷进行改写。

ROW，是创建快照后，快照系统把对数据卷的写请求重定向给快照预留的存储空间，直接将新数据写入快照卷。上层业务读源卷时，创建快照前的数据从源卷读，创建快照后产生的数据，从快照卷读。

在实际应用中，通常会对上述快照实现的基本原理性技术进行改进后使用。

（二）快照传输与存储技术

现有可进行快照备份的对象有磁盘、虚拟卷、文件系统、虚拟机、数据库以及其他定制的产品。支持快照功能的文件系统包括了 JFS、NTFS 及 ZFS 等单机文件系统，NFS、CIFS 等网络文件系统，以及 GPFS、GFS 等集群或分布式文件系统多种类型。这些文件系统多数通过厂商自主提供的快照服务来实现快照功能，如微软的卷影拷贝服务（Volume

Shadow Copy Services，VSS）支持 NTFS 文件系统的快照，IBM 的 spectrum protect snapshot 服务为 GPFS 文件系统提供快照支持。

虚拟机系统，如 XenServer、Hyper–V 以及 VMware 等主机虚拟化产品都支持快照功能。数据库软件，如 DB2、Oracle 以及 NoSQL 非关系型数据库等，无论是在单机模块还是在分布式云部署模式，现有文献均对其提供了快照功能。

而快照存储管理也同样经历了从单机磁盘阵列存储，DAS、NAS、SAN 网络存储，到采用 GFS、Ceph 的集群或分布式存储系统的过程，快照的存储可以在本地，也可以在远程云端。

二、专利申请数据分析

为精确定位快照技术方面的文献，以中国专利文摘数据库（CNABS）、外文数据库（VEN）以及第三方智能检索网站相结合的方式，以摘要中有快照/snapshot 关键词的文献为总的范围，结合体现技术领域的分类号，如 G06F 9/455（虚拟技术）、G06F 16/182（分布式文件系统）、G06F 16/11（文件系统管理）等，以及体现技术主题的关键词，如一致性/consistency、云/cloud、元数据/metadata、增量/incremental 等，进行检索，合并同族后，得到 3185 个专利族，从中分析得出全球及国内专利申请状况、重要申请人的申请状况以及专利布局情况，并得出快照技术的发展演变过程和趋势。

图 2 示出了快照技术领域全球历年专利申请量的分布情况（合并同族申请后进行统计）。可以看出，快照技术发展大致分为三个时期：2001 ~ 2008 年，此阶段属于该项技术的萌芽起步期。随着云计算和虚拟存储技术的发展，对备份技术的需求日趋增强，各大存储厂商、云计算服务提供商以及科研院所都加入到该技术的研发中，故从 2009 ~ 2016 年，保持较高的增长率，在 2016 年达到最多申请量 438 项，为高速发展期。到 2017 ~ 2018 年，申请量有所回落，可能是存储架构、云服务技术的稳定或技术瓶颈的出现而使申请量有所降低。虽然图 2 中，2019 年，申请量有所下降，但是其主要是由于专利申请提交后延期公开。从图 2 还可以看出，国内申请的走势与全球申请的趋势基本一致。需要指出的是，2001 ~ 2007 年，我国虽开始对快照技术进行研究，但是每年的专利申请量很少。之后我国研发人员开始在该领域大力开展研究，从而使专利申请量在 2019 年达到顶峰。

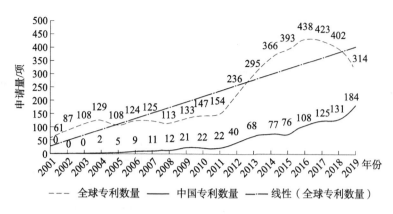

图2　快照技术领域全球及中国专利申请量分布

图3示出了全球主要申请人在快照技术领域的申请量排列情况，IBM和EMC作为云计算和虚拟存储技术的行业巨头，申请量排在前两位。而申请量较多的中国申请人为浪潮（包括其各个子公司）和华为，中国申请人的申请量与国外相比还有很大差距，但是国内的专利申请量还在持续高增长中。

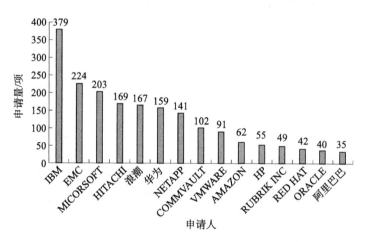

图3　快照技术领域全球主要申请人申请量分布

三、专利技术分析

（一）快照专利技术分支

表1为快照技术分解表。本文基于两个方向对快照技术进行分析，一个是快照实现技术，另一个是快照传输与存储技术。对于快照实现技术，从实现原理技术、备份方式和元数据管理三个方面进行分析。在实现原理技术中，一些厂商对持续数据保护（Continuous Data Protection，CDP）技术进行了研究，这里一并列出。对于快照传输与存储，从存储系统架构、远程传输和存储管理三个方面进行分析。

表 1　快照技术分解表

一级分支	二级分支	三级分支
快照实现	实现原理技术	COW、ROW
		镜像分离、CDP
	元数据管理	
	备份方式	全量、增量、差量备份
一致性	实现阶段	静默、隔离
	传输与存储阶段	一致性组
快照传输与存储	存储系统架构	DAS、SAN 及 NAS
		分布式云存储
	远程传输	同步复制
		异步复制
	存储管理	快照链、快照合并压缩

不论是在快照实现阶段，还是在快照传输与存储过程中，都需要考虑和处理快照备份的一致性问题，这里单独作为一个分支进行分析。

（二）技术演进

通过专利的标引分析，我们对重点技术进行脉络整理，研究其发展趋势，下面结合图 4 具体分析快照实现技术的演进，结合图 5 具体分析快照传输与存储技术的演进，结合图 6 具体分析一致性技术演进。

1. 快照实现技术演进

快照实现技术分为三个方面，首先是对快照实现原理技术的选择与改进，如镜像分离、COW、ROW 的选择；其次是依据备份对象和场景的不同，对元数据的管理有针对性地进行研究与改进；最后，是快照实现中全量、增量等备份方式的选择与改进。

（1）快照实现原理技术的应用

镜像分离快照实现技术在源卷与镜像卷上保存同一份数据的两个副本，优点是数据隔离性好，数据可离线使用，并因简化了恢复、复制或存档的操作而易于使用，缺点是存储空间占用大。而 COW、ROW 解决了上述问题，下面对采用 COW、ROW 方式实现快照时，在时间效率和空间效率方面作出改进的重点文献进行分析。

1）采用异步、并行方式提升写执行效率

2002 年以前，采用 COW 生成快照的专利申请，大都是直接在源卷与目标卷之间建立映射关系来记录数据写入前后的变化。如文献 US6460054B1 和 WO0229573A2 通过位图（bitmap）方式实现快照数据映射，使用写时复制的方式实现快照的读写。

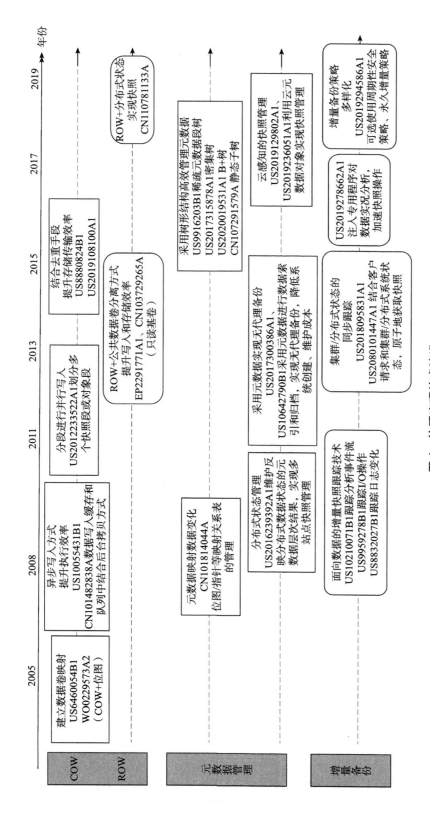

图 4 快照实现技术演进

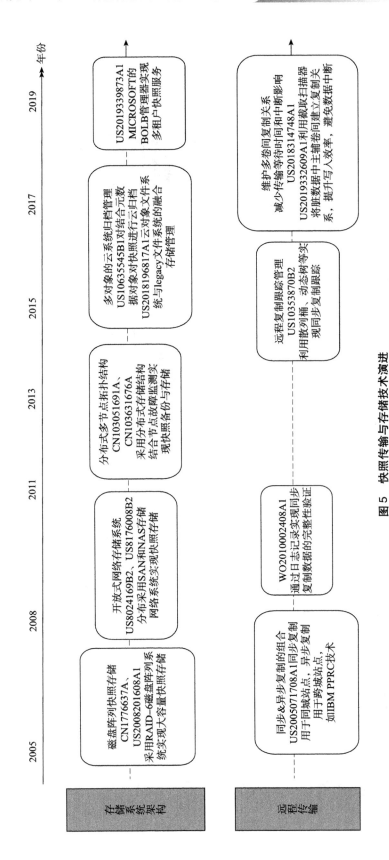

图 5　快照传输与存储技术演进

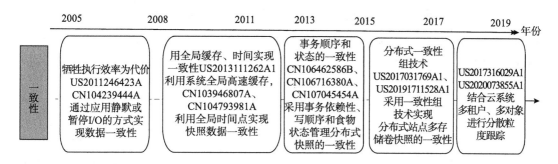

图6　一致性技术演进

然而，COW 在每次写入操作时都需要先将源卷中的原始数据拷贝到快照卷中（第一次写），然后才能将新改变的数据写入源卷（第二次写），这会降低源卷的写性能。考虑到 COW 需要写两次的不利特点，文献 US10055431B1、CN101482838A 分别将 COW 方式写的数据异步写入高速缓存和队列，再使用后台拷贝等方式将数据写入快照区，进而缩短写响应时间，使得生成快照时不影响生产服务器的运行效率。

文献 US2012233522A1 采用分段并行写入的方式，将快照划分为多个快照段或多个对象段，在避免 COW 写入耗时长的同时，提升了快照数据的传输效率。

上述改进后的 COW 一定程度上解决了写入耗时的问题，在写密集类型的系统，如分布式设备上，可采用 ROW 方式弥补 COW 方式的天然不足，ROW 是通过先复制元数据，然后将针对源文件的更改重定向到空余空间，同时更新元数据，这样数据卷更新时只需要一次写操作（如文献 CN110781133A）。

2）采用去重、只读基卷的方式提升存储空间效率

改进后的 COW 和 ROW 解决了读写效率问题，然而当海量数据存在时，过多的元数据及映射关系给存储空间带来较大压力。文献 US8880824B1、US2019108100A1 考虑到多个存储共享体系中的数据冗余，在写时复制时，采用去重的手段，来提升空间有效性和数据传输效率。LSI 公司的申请 EP2291771A1 以及文献 CN103729265A 利用 ROW 的特点，设置包含操作系统公用数据的只读基卷和专用于多个计算装置的数据卷，用数据卷来重定向只读基卷的写快照，减少存储空间占用。

（2）元数据管理技术

快照的备份时间效率与空间效率远高于镜像备份的根本原因在于快照备份是对表征数据信息的映射、状态、改变等元数据的管理，而非对存储数据本身的处理。

1）元数据内容随系统的变化

快照实现中元数据管理的起始阶段，重点关注清晰明确的映射关系的建立，如文献 CN101814044A 采用位图映射来方便地表征变化数据的地址。

然而在分布式系统中，由于系统处理与存储的分散性，数据处理过程中数据状态的

变化直接关系着数据恢复的完整性，因此在关注映射关系的同时还要考虑分散处理过程中数据状态的管理，如文献 US2016239392A1 通过生成分布式元数据状态初始快照，维护反映数据状态的元数据层次结构，并为新数据生成增量快照，以便依据元数据在各个分布站点有效恢复数据。

2）元数据结构的管理

分布式云服务系统中，元数据数量迅速增加，催生了多种元数据的有序管理方法，如文献 US9916203B1、US2017315878A1、CN107291579A、US2020019531A1 借助树形结构遍历效率高的特点，依据快照对象的不同，分别采用稀疏元数据段树、密集树、静态子树分区、B + 树元的数据结构等方式，实现了集群或分布式云系统中快照元数据的高效、有序管理。

云服务中多种备份对象和海量数据共存，开发与维护人员通过备份代理工具实现快照，大大增加了系统部署和维护成本。然而合理利用元数据信息对数据进行索引和归档，实现虚拟机的无代理备份，可降低系统创建和管理成本，如文献 US2017300386A1、US10642790B1 的方案。

随着元数据在云计算备份中的大量使用，"云元数据对象"（Cloud Metadata Object，CMO）的概念被广泛应用，如 EMC 的文献 US2019129802A1、US2019236051A1 采用 CMO 实现云感知的快照差异和分层云存储体系中快照中节点的索引。

（3）备份方式的演进

1）增量跟踪技术

在全量、增量和差量的快照备份方式中，增量备份方式由于空间效率高而被广泛使用。增量备份是通过数据对比或者跟踪更新数据、I/O 操作来实现的，如文献 US10210071B1、US9959278B1、US8832027B1 等分别通过跟踪分析事件流、I/O 操作、日志变化、块级改变，来实现事件级、块级增量的快照。

随着云计算系统中集群或分布式部署的应用，实现增量跟踪技术的系统需要和数据的处理状态紧密结合。如 IBM 的文献 US2018095831A1、US2080101447A1 提出一种集群状态跟踪算法，在接收并跟踪客户端请求的同时，执行增量和视图的异步计算，在计算增量时，采用原子操作的方式获取第一状态快照；文献 US2019278662A1 使用注入到基于云的虚拟机中的专用程序，对 VM 的实况卷进行分析，加速增量备份的操作。

2）增量备份策略与全量备份策略的结合

云服务商为降低客户对多种技术开发使用的成本，提供了多种备份维护和管理的策略，如"周期性完全"备份策略和"永久增量"备份策略，如文献 US2019294586A1 中的方案。

2. 快照传输与存储技术演进

（1）存储系统架构的演进

1）底层磁盘与网络存储的结合阶段

在网络存储技术成熟之前，快照存储技术集中在对底层的磁盘研究，每个应用服务器都要有独立的存储设备，如 IBM 的文献 CN1776637A、US2008201608A1 中利用 RAID－6 的磁盘阵列系统存储备份的快照。随着大容量网络存储的需求与存储技术的发展，多种开放式存储系统被广泛应用，如文献 US8024169B2 以基于光纤通道（FC）或 IP（如 iSCSI）方式的存储区域网络（SAN）对快照进行存储管理。

另一个开放式网络存储系统，网络附加存储（NAS）允许多个应用服务器通过网络共享协议使用同一个文件系统，NAS 可通过网络交换机连接存储系统和服务器主机建立存储私网，如文献 US8176008B2 的方案。网络存储方式在实现大规模数据存储的同时，使用户能够快速进行快照的访问处理。

2）分布式云存储技术

传统网络存储系统中，SAN 存储是从基本功能里剥离出存储功能，不影响系统整体的网络性能，但扩展能力有限；NAS 存储是将存储设备通过网络连接，易于管理，但占用带宽大。分布式存储弥补了集中式服务器可扩展性不强、容错性弱、可靠性差的缺点，如文献 CN103051691A 预先建立分布式存储节点拓扑结构下的分区，并监测节点故障，来分配快照；文献 CN103631676A 通过多节点的只读快照和分布式存储保证数据备份冗余，提升系统可扩展性和可靠性。

云计算系统既要考虑系统的弹性扩展能力，又要考虑不同快照对象功能的完整性，需实现面向多租户的灵活快照服务。如 EMC 的文献 US10635545B1 对用于快照的数据和元数据的不同对象进行云归档管理，将对象存储在云存储器中。文献 US2018196817A1 进一步在云对象接口上分层文件系统功能，以提供基于云的存储，同时支持来自遗留应用的功能（如 POSIX 接口和 ZFS 文件系统）。又如文献 US2019339873A1 使用 BLOB 表管理器执行被配置为管理 BLOB 表中的 BLOB 的快照的指令，以便为多租户提供灵活的快照服务。

（2）远程传输技术的演进过程

快照远程传输技术中的同步复制技术是在本地收到 I/O 操作时，同时发送给远程站点的目标卷，等待 I/O 同步写入到源卷与目标卷后才返回；异步复制技术是在源卷站点记录 I/O 操作，数据写入源卷后立即返回写完成，当差异累积到一定程度或一段时间后，再将差异更新到远程目标卷。

考虑到同步复制写操作耗时长的特点，其通常被用于近距离的远程复制，如同城站点间的复制，而异步复制更适用于跨城站点间的远距离传输，同步和异步复制可结合使用。典型的远程复制技术有文献 US2005071708A1 中公开的 PPRC（Peer－to－Peer Remote Copy）

技术。

远程传输存在多种潜在问题，首先是远程复制数据的完整性问题，文献 WO2010002408A1（HP）通过日志记录来实现同步复制数据的完整性验证。其次是存储控制器的故障、瞬态网络问题等可导致多个站点的存储控制器之间的不同步。例如，从同步复制关系到异步复制关系的转换时，该异步复制关系不能保证客户端的接近零的恢复点目标，采用跟踪结构对多个存储控制器进行跟踪，在出现异常时再次同步站点之间的复制关系，可及时解决存储不同步的问题，如文献 US10353870B2 利用散列桶的跟踪结构、动态树结构、跟踪段位图等方法实现数据同步复制跟踪，并动态地创建和解构跟踪结构以节省存储资源。

同步复制虽存在效率不高的问题，但考虑到同步复制零数据丢失（RPO 较优）的特点，可将其用于关键数据的备份，这时除了将其应用于近距离复制的场景外，还可通过其他方式来弥补写入效率低的问题。如 NETAPP 公司的文献 US2018314748A1、US2019332609A1 通过主卷和辅助卷分割的方式，使用脏区域日志来记录客户机写请求，截取扫描器将脏数据在主卷和辅助卷之间建立同步复制关系，来减少同步复制的等待时间和客户机数据访问的中断。

3. 一致性技术演进

一致性问题是快照技术中必须要解决的问题，通常会以牺牲恢复时间点目标为代价来实现一致性，同时快照一致性的解决方案以及存储实体的备份实现方式和远程复制系统紧密相关。

（1）以牺牲系统执行效率为代价

实现一致性直接的办法是将 I/O 操作暂停或将应用程序静默，如文献 US2011246423A、CN104239444A 通过暂停 I/O 操作、刷新磁盘，并将 Oracle 数据库置为静默状态，实现快照的一致性。然而，这种方法虽然较好地实现了一致性，但系统运行效率会降低。

（2）用全局时间、状态控制数据一致性

文献 CN103946807A、CN104793981A 是通过创建同一时刻/时间点的多个虚拟机快照来构建虚拟机集群的全局一致性。

随着分布式系统中数据量的增长，各个子系统中的时间并非绝对同步，或缺乏全局时钟，在同一时间点时，动态变化的事务处理在各个系统中的状态并不能确保一致性。PANZURA 公开的文献 US2013111262A1、US9679040B1 采用管理具有全域地址空间的分布式文件系统的云控制器（高速缓存设备），来确保云存储系统中数据的一致性。对于并行事务，文献 CN106462586B、CN106716380A 采用了跟踪事务操作（如事物表和依赖写顺序）并记录日志的方式，来保证事务操作的有序管理和快照的一致性。文献 CN107045454A 进一步利用全局事务状态的上下文以及消息中间件，实现快照的一致性。

（3）分布式云系统中一致性组管理方式

存在多个快照集合，或具有多个存储卷的远程复制时，可采用一致性组的方式来管理快照。如文献 US2017031769A1 使用一致性组来组织管理多个 LUNs 的快照，文献 US2019171528A1 当接收到本地 - 远程时间点快照复制命令时，借助一致性组的过程与状态信息，延迟远程时间点快照复制关系的建立，来实现本地 - 远程时间点快照对的一致性。

考虑到云系统中租户访问的数据对象不同，NETAPP 公司在文献 US2017316029A1、US2020073855A1 中使用具有特定级别访问属性的多粒度集来跟踪、管理分散存储项的一致性组，实现单个文件、文件系统子目录及存储子集的快照一致性。

（三）重要申请人关键技术分析

1. IBM

IBM，1911 年创立于美国，是全球最大的信息技术和业务解决方案公司。

参见图 7，从 IBM 的专利分布看，一级分支中，占比较大的为快照实现（占比 37%）和快照传输与存储技术（占比 34%）。从备份对象上看，IBM 申请文件中涉及文件系统、虚拟机、磁盘/虚拟卷、数据库，这四个方面的专利文献量布局较为均匀。下面对 IBM 代表性技术的文献进行分析。

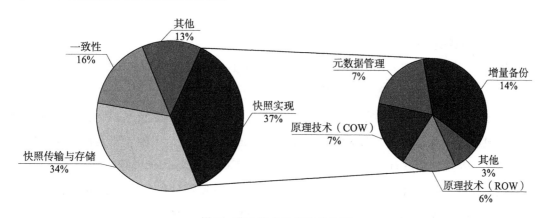

图 7　IBM 技术关键技术分析

（1）快照实现技术

在快照实现技术中，主要涉及的是增量备份、元数据管理技术。

1）IBM 即时拷贝增量备份技术

云服务系统中进行快照实现时，考虑到主站点和云服务提供商站点之间的网络带宽占用及成本因素等，通常采用增量技术实现备份。IBM 多采用基于时间点的即时拷贝（FalshCopy）技术来高效地建立时间空间备份。如 US7069402B2、US2016140008A1 等文献公开了与主机无关的增量备份方法和系统，结合 FlashCopy 技术，跟踪块级的操作，以存储控制器与存储子系统相关联的方式将所述主机从内务处理任务中解放出来，借助元数据确定哪些数据块应被转移到备份系统，以便进行增量备份。

针对不同的备份对象和备份粒度，增量备份可基于日志、视图等方式实现。如文献 US2003163493A1 利用文件系统的日志从增量备份中恢复文件系统。文献 US10140183B2 公开了在分布式共享存储器体系结构中，提供了视图以及 Delta 的异步计算便于外部托管的应用有效地跟踪集群状态。

2）IBM 快照实现原理技术的改进

在集群文件系统中通过 ROW 的方式，备份文件系统对象的快照，将新文件的元数据以及产生的校验和写入新块位置，便于从空闲区映射分配空闲块，减少节点故障对群集的影响，如文献 US2013047043A1、US2012216074A1 等的方案。

由于 ROW 和 COW 互有优缺点，因此在快照实现中可将两者结合起来使用，如文献 CN107924293A 使用 COW 进程，立即拷贝由于写操作将要被覆盖但还未由后台拷贝过程处理的任何主要磁盘区域，执行单个卷的多个时间点拷贝，并允许相关的时间点拷贝链接起来，这样的算法优化了标准的 COW 算法，同时方案中还借助 ROW 实现低开销的额外 I/O 操作。又如文献 US2018067815A1 公开了创建包括源卷和多个时间点拷贝的级联时，使用 ROW 算法的写 I/O 优点和易恢复特征在 golden image 环境中提供 ROW 操作，同时允许在多个存储层采用 COW 算法，将数据视图与用于存储数据的物理设备分开，这是一种"COW++"的新算法。

（2）一致性技术

快照一致性问题可采用系统静默、时间点一致、一致性组（分布式云环境中）、快照隔离（用于数据库）等技术来解决。

在分布式云环境中，存在多个快照的快照集，使用一致性组技术，结合快照的复制关系、磁盘卷指针管理等实现本地和远程快照时间点的一致，以便于安全恢复某一时间点的数据，典型的文献有 US7240171B2、US2017192682A1、US2019347172A1。

数据库具有事务性操作的特点，在处理数据库一致性问题时，通常使用快照隔离（Snapshot Isolation）技术，如文献 US2017185636A1 提出一种在 NOSQL 服务器上使用订单约束来处理具有快照隔离的事务的方法，通过事务管理器对约定时间事务提交情况进行管理和延时处理，保证事务的原子性、一致性和耐久性；文献 US2017293530A1 向数据库提供快照隔离，使用程序模块分析生成针对数据库表的视图，并通过计数值对写查询、更新语句对应数据的时效进行管理来实现数据库系统快照的一致性。

（3）快照传输与存储技术

参见图 8，IBM 有关快照传输与存储的文献，主要涉及的是远程传输、存储管理、存储系统架构等方面的技术。

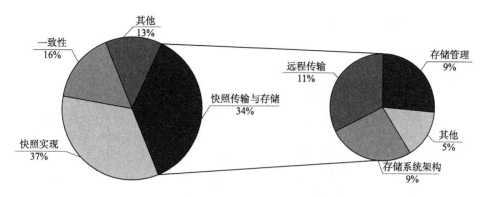

图 8 IBM 快照传输与存储技术关键技术分析

1）存储系统架构的改进

硬盘等存储设备存取速度快，但容量有限、成本高，磁带的存储容量大、成本低，但存取速度慢，因此可将两者结合起来，通过系统分层分级，实现快照存储管理。如文献 US2015113238A1 通过逻辑卷将数据在各级存储间迁移，更新管理快照的管理表。文献 US2020065195A1 依据快照对象的不同，如 VM、应用程序及其数据变化程度的参数，来选择合理的存储层级。

SAN、NAS 网络存储方式提供了网络访问的便捷性，但两者分别具有扩展性差、占用网络带宽大的缺点，文献 US2015039564A1 通过计算设备指定 NAS 系统的文件系统或卷内的目录组，对与组相关联的快照进行重用，来减少网络数据管理协议 NDMP 在大文件系统中管理快照的带宽和时间开销。

2）远程传输技术

在远程传输技术方面，IBM 使用了 PPRC 远程传输技术，根据需要进行同步复制和/或异步复制，如文献 CN110998538A 通过 PPRC 进行远程拷贝，并维护 PPRC 关系中被配置到 PPRC 的一致性组（Consistency Group）中的卷，以确保对主系统卷进行的一组更新也最终在辅卷上进行。

远程传输过程中，当本地与远程卷之间不同步时，数据的可用性将受到影响。文献 US2016283328A1、US2018081958A1 通过将快照中所选对象的标识和状态与目标的当前状态进行比较，检测目标中的未同步对象。文献 US9146685B2、US9727626B2 将第一数据从本地存储系统的本地卷传送到具有远程卷的远程存储系统，在传送第一数据的同时接收更新给定局部区域的请求，并通过位图跟踪更新和延迟快照实现本地与远程卷之间的同步。

2. EMC

EMC 是一家美国信息存储资讯科技公司，主要业务为信息存储及管理产品、服务和解决方案。

参见图 9，从 EMC 的专利申请分布看，一级分支中，主要是快照传输与存储（占比

30%）和快照实现技术（占比47%）。

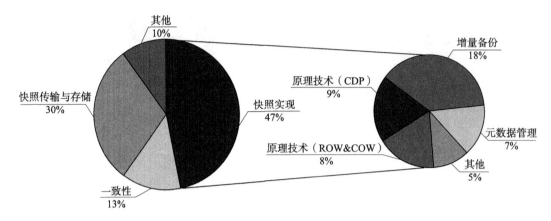

图9　EMC快照关键技术分析

（1）快照实现技术

快照实现技术的相关文献中，主要涉及的是增量备份、持续数据保护（CDP）和元数据管理等方面的文献。EMC还自主开发了TimeFinder技术来实现快照，TimeFinder技术旨在无中断地创建关键数据的时间点拷贝。TimeFinder/Snap方案创建基于指针的逻辑拷贝，TimeFinder VP Snap方案通过改善缓存利用和简化池管理，在提升快照实现效率的同时节省快照存储空间。涉及TimeFinder技术应用的文献有US7149787B1、US10417099B1等。

1）增量跟踪技术

增量备份通过日志等方式跟踪I/O、块级改变，并通过位图等方式记录变化量，存在跟踪效率低、记录烦琐的问题。EMC利用多种树形结构提升增量跟踪记录的效率。如文献US9501487B1使用变更树进行增量备份的实现。变更树是用于跟踪特定数据集（如文件系统的目录）的变更结构。文献US9916203B1通过定义稀疏元数据段树标识改变的数据块最小化数据存储的等待时间和I/O操作；文献US10635636B1将指向相应父虚拟硬盘的当前树，与来自虚拟机最后备份的相关联的先前树进行比较，识别当前树中的差异虚拟硬盘作为增量备份数据。

2）CDP技术

CDP技术是不间断地通过快照对存储阵列中发生变化的数据进行记录，实现将系统恢复到任意一个还原时间点（RTO）的要求，这大大降低了系统发生故障时的数据丢失量。如文献US9665307B1、US9892002B1均通过增量连续数据保护（ICDP）的方法，实现系统的频繁快照，使得快照版本处于可控间隔，便于在系统错误时回滚到先前的时间点。

（2）快照传输与存储技术

参见图10，EMC有关快照传输与存储技术的文献主要涉及了快照远程传输、存储系统架构及存储管理（如快照的存储链维护、合并）等技术。

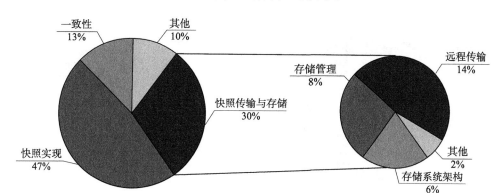

图 10　EMC 快照传输与存储技术关键技术分析

1）远程传输技术

快照远程传输技术涵盖了同步与异步传输方式的使用。在不影响源数据读写性能的前提下，异步将快照数据传输到远程备份服务器，并通过多个附加存储系统，实现并发方式的高效数据传输，如文献 US7275177B2、US2019303010A1 的方案。

异步并发复制方式能保证数据传输效率，但是容易造成本地与远程卷一致性差的问题。文献 US9529885B1 通过暂停第二站点的 I/O 操作，在异步复制时保持一致的时间点，以便在恢复时将第二虚拟机安全恢复到一致的时间点。文献 US10496489B1、US2019303490A1 依据存储系统的分布特点，将同步复制与异步复制结合起来使用，利用异步复制来保证数据传输效率，利用同步复制来实现快照数据的一致性。

2）存储系统架构的改变

EMC 同样采用 SAN、NAS 方式实现快照网络存储，并采用向后兼容的方式将网络存储融入分布式云计算系统中，如文献 US10498821B1、US2019370249A1 的方案。

随着云计算的使用向着多云/混合云的方向发展，多个云系统之间的快照存储共享和故障恢复成了急需解决的问题。文献 US9836244B2、US10459806B1 通过在第一存储阵列与第二云存储这两个性能不同的存储方式之间进行 I/O 操作的转换，将引起生产设备改变的 I/O 副本发给云网关，实现了跨多云阵列的资源共享，使得系统故障转移时完成数据恢复。

3. 浪潮

浪潮是中国领先的云计算、大数据服务商，可提供涵盖 IaaS、PaaS、SaaS 三种类型的整体解决方案。

参见图 11，从浪潮的专利分布可以看出，在一级分支中，主要涉及快照传输与存储（占比 60%）和快照实现技术（占比 27%）。其中快照实现技术主要涉及元数据数据管理技术和增量备份，这方面的具体技术与行业整体的发展方向基本一致，在此不再赘述。

主要对占比较高的快照传输与存储方面的关键技术进行分析。

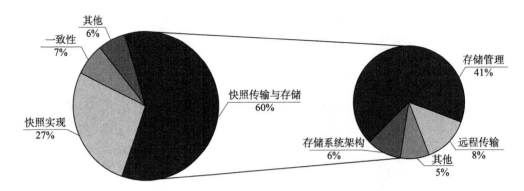

图11　浪潮快照传输与存储技术关键技术分析

从图11可以看出，有关快照传输与存储的文献涉及存储管理技术的文献占比较大，而其他方面的文献占比较小，这里重点对存储管理技术进行分析。

为保证快照文件的可靠性，通常会对快照进行高冗余的方式存储。如文献CN102880515A、CN107391314A采用多备份或者主从卷配合的方式，对快照进行管理，来提升系统的安全、可靠性。文献CN108874593A更是采用一种两地三中心容灾系统来达到上述效果。

另外，浪潮在对快照进行存储时，采用了分布式和云存储的多层次存储方式。如文献CN105242990A、CN109460323A采用了分布式云系统中多节点、多层次的存储方式，在存储数据量增长较快时，实现了存储数据的冗余和存储空间的灵活扩展。

快照是一种频繁、定时的操作，快照镜像越来越多，会导致存储空间随时间显著增加。由此提出了解决云平台中快照存储占用空间较大问题的解决方案，如文献CN109324870A、CN109542686A通过删除无用快照备份的方式，实现数据备份的精简存储；文献CN106250274A、CN107688512A则通过清除备份中重复数据的方式，减少磁盘空间的占用。

（四）技术功效

图12中，每个技术功效都对应一或多个技术手段，而这些技术手段着力解决的问题及获得的效果各有侧重。如分布式技术在云计算领域应用广，研发投入较多，因此分布式存储的功效较为全面。增量备份以备份速度和传输效率为主要目标，兼顾解决存储空间占用高的问题，然而过多的增量快照，由于其相互依赖性，也给系统维护和管理带来了困难。元数据是表征备份数据的信息，并作为快照形成的依据，元数据的内容、结构随云计算的发展而不断变化，数据量不断增长，元数据的添加、遍历、回溯等方面的效率关系着系统的备份速度和易用性。而静默/隔离、一致性组等手段主要是为了解决快照备份不一致的问题，相似地，异步复制技术着重解决传输效率问题，其功效较为集中。

图12 在直观展示云计算快照领域的技术热点的同时，也体现了该领域的技术薄弱点，进而为我国企业在快照技术领域的研发和专利布局提供一定的参考和借鉴。由图12不难发现，使用分布式存储进行快照传输与存储管理是技术研发的热点，也是专利布局的重点，如何提升分布式存储的空间效率、备份速度，并同时确保良好的一致性效果，是该领域的技术薄弱点。

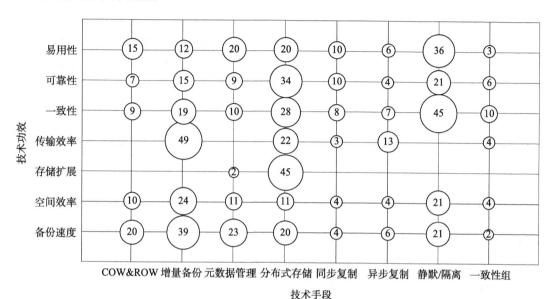

图12 云计算中快照技术功效

注：图中数字表示申请量，单位为项。

事实上，随着云服务的发展，为保证应用或服务的稳定性、可扩展性、灵活性以及成本，多数应用开始选择多云、混合云的部署模式，因此提供跨云平台的面向多对象的、多租户的、高效可靠的快照服务是业界的又一研发热点。鉴于此，国内企业可以试图在上述热点和薄弱点上加强技术创新，提早进行专利布局。

四、结论与建议

利用快照技术实现快速备份和恢复，在减少停机时间的同时无须占用过多存储空间，已经成为各大存储和云服务厂商必备的技术。

从专利申请分布情况来看，美国拥有 IBM、EMC 等多家存储和云服务巨头，依然在这一领域领先于其他国家，中国厂商起步略晚，申请量却稳步攀升，如浪潮、华为以及阿里巴巴等厂商的申请量在不断增多。

从技术研究热点和技术功效来看，快照实现的基本原理性技术，仅在 COW、ROW 等技术的基础上有细微的改进，基本趋于成熟；相似地，网络存储方式 SAN、NAS 等方面也未见有大的改进。而分布式系统中的快照技术一直是研究的热点，如分布式系统中存储空间利用率与扩展性能的改进。另外分布式系统中的单数据处理流程需要在多个节点进行，在不暂停处理过程的情况下，各节点处理状态较难同步，如何兼顾快照一致性与备份速度依然是技术薄弱点，也是潜在的专业技术布局重点。

从技术发展的演变来看，随着多云/混合云的应用快速增长，跨云平台的面向多对象的、多租户的、高效可靠的快照技术将是业界研发的重点，如 IBM 的 Spectrum Protect Snapshot 服务和 EMC 的 Cloud Snapshot Manager 服务，均提出了将快照服务作为跨云平台 SaaS 类型容灾解决方案的思想。因此，提供有竞争力的多云/混合云系统快照服务将是快照技术领域的发展趋势。

本文分析了快照技术的专利申请情况、国内外主要申请人以及技术演变脉络，并梳理了快照技术专利申请的热点，对快照技术的发展趋势进行了预测。云计算技术具有巨大的应用市场，快照服务的优劣是体现云计算技术竞争力强弱的一项关键指标。国内企业应当在该方向积极创新，做好专利布局，为将来走向国际市场奠定坚实的基础。

参考文献

[1] 任敏敏. 一种快照技术的研究与实现 [D]. 武汉：华中科技大学, 2012.

[2] 杨统凯. 基于写前拷贝技术的云计算快照过程和存储优化 [D]. 杭州：浙江大学, 2013.

[3] 陈雯倩. 基于云平台的虚拟机快照存储备份技术研究 [D]. 重庆：重庆大学, 2018.

[4] JOSEPH L, MUKESH R. Securing and self recovery of virtual machines in cloud with an anutomatic approach using snapshots [J]. Mobile Networks and Applications, 2019, 24：1240 – 1248.

[5] GASCHLER A, WESTPHAL A, GARDT W, et al. IBM spectrum protect plus practical guidance for deployment, configuration, and usage [M]. Poughkeepsie：IBM Corparation, 2019.

[6] HAO Z, WANG W, CUI L, et al. Consnap：an incremental continuous snapshots system for virtual machines [J]. IEEE Transactions on Service Computing, 2019：1.

智能停车场泊车诱导专利技术综述*

周生凯　　朱海业　　刘晓波　　王晟哲

摘　要　本文从全球视角出发，对智能停车场泊车诱导技术进行了较为全面的分析，通过检索、统计智能停车场泊车诱导的全球专利申请，获得了泊车诱导全球专利申请分布情况以及全球专利申请发展趋势，重点分析了车位检测、停车诱导两大关键技术的技术构成、技术发展路线和当今技术研究热点。同时对泊车诱导技术进行了详细的技术分支划分，梳理了技术的发展趋势并且比较了各技术分支的优缺点等。通过上述研究，指明了该领域的研究热点、重点，有助于相关人员了解停车场泊车诱导技术未来的发展方向，具有一定的实践和指导意义。

关键词　车位检测　停车诱导　专利分析　综述

一、引言

发达国家由于较早遇到交通拥堵的问题，因此关于智能引导系统的研究起步也较早。1971 年，德国的亚琛市建立了第一个城市停车场引导系统。1973 年，日本第一个停车引导系统问世，而后在东京新宿落成的停车诱导系统，是世界首个完善的、能够有效实现引导作用的城市停车引导系统。1996 年美国建立起收集区域内车位信息的处理中心，对收集来的数据进行加工之后发送给带有指示牌的电子显示屏，用户可根据路边显示屏指引快速找到适合的车位。2012 年马来西亚理工大学的学者提出了一种新的停车系统，通过使用超声波传感器检测停车场占用行为。

国内的智能停车场目前处于起步阶段，最近几年，一些一线城市如北京、上海、广州等地才刚刚建立了一些智能停车场。但场内缺少车辆引导，用户需要花费时间来寻找车位，并且在返回场内寻找车辆时，由于忘记自己车辆位置而寻找车辆困难。总的来说，智能停车场现阶段的发展还是不够完善。

---

* 作者单位：国家知识产权局专利局专利审查协作河南中心。

据国家统计局提供的数据，截至 2019 年末，我国私人汽车保有量为 22635 万辆。我国城市停车位比例多在 1∶0.5～1∶0.8 之间，车多位少、停车难的现象日益明显。随着检测、人工智能、物联网、大数据、云计算、金融科技、无感支付等前沿技术的崛起，智能停车逐步走上舞台。

现有停车系统没有对停车场内的车位进行具体引导，造成驾驶者在寻找车位时浪费大量的时间，并导致停车场周边交通拥堵。停车作为城市交通中的关键环节之一，提高停车效率在一定程度上可以缓解交通压力，因此对停车系统的研究显得十分必要。

如何实现停车场的空余位置指示并引导用户停车，实现停车效率的最大化也成为智慧城市建设的重要指标。而上述两个问题也正是智能停车场泊车诱导所能够解决的问题，因此，智能停车场泊车诱导的相关专利技术分析对于提供高质量、高性能的智能停车系统和智慧交通出行，具有很大的指导意义。

二、总体概述

（一）全球专利技术发展趋势

1. 数据来源及检索要素

本文主要采用中国专利文摘数据库（CNABS）、德温特世界专利索引数据库（DWPI）进行检索，以 Incopat 专利数据库作为补充。由于停车场泊车诱导的分类号较准确，具有专门的分类 G08G 1/14 及其下位点组，因而本文数据检索来源以分类号为主，以分类号与关键词相结合、关键词检索等手段作为补充。数据检索日期截止到 2020 年 5 月 1 日，总文献量为 7689 篇。由于专利文献从提出申请到向公众公开有时间上的延后，因此，2019 年及 2020 年的样本存在不完整的问题，以下分析图中有关 2019 年和 2020 年申请量的下降不排除是由样本数据量的不完整而造成的。

2. 全球专利技术发展趋势

图 2-1 示出了智能停车场泊车诱导全球专利申请趋势。

自 1976 年起，其技术发展按专利申请的情况主要分为三个阶段：

萌芽阶段（1989 年之前）：每年智能停车场泊车诱导的全球专利申请数量比较少，且这些专利集中在日本和美国。这个时期的专利申请是关于利用粗略的检测器来检测车位上是否停放车辆，并通过显示灯闪烁来显示车位的占用情况的。

平稳增长阶段（1990～2005 年）：专利申请量平稳增长，发达国家由于较早遇到交通拥堵的问题，因此陆续采用停车引导系统来缓解城市交通压力，年全球专利数量开始增多，泊车诱导技术得到发展。KOYO 等日本公司开始申请有关泊车诱导的专利，在随

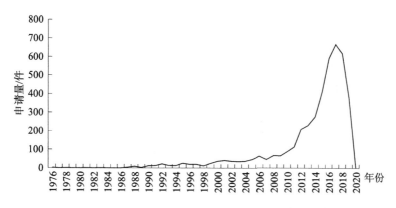

图 2-1　智能停车场泊车诱导全球专利技术发展趋势

后的时间里年专利申请量持续增长。这个时期主要的车位检测技术为称重检测、地磁检测、红外检测、超声波检测以及图像检测等，但检测精度不高。主要的车位引导技术集中在停车场内的指示和导航，另外，在这个时期，日本和德国的公司也出现了预约车位的专利申请。

快速增长阶段（2006 年至今）：从 2010 年开始，国内的汽车保有量开始飞速增长，车多位少，"停车难"的情况日益明显。随着检测、人工智能、物联网、大数据、云计算等前沿技术的崛起和发展，智能停车场泊车诱导专利申请进入快速增长阶段。对于车位检测除继续沿用地磁检测、红外检测、超声波检测以及图像检测等技术外，创新主体开始侧重于用于提高检测精度的算法研究；车位引导也逐渐从停车场内指示、导航发展到由大数据支撑的场外导航和预约。

2017 年的申请量为 669 件，2018 年的申请量为 619 件，申请量出现下滑趋势。这是由多方面原因造成的：首先，随着技术的发展，车位检测技术已经处于相对成熟阶段，技术方面暂时没有新的重大突破。其次，对停车场泊车诱导的研究不再局限于对车位检测和停车诱导等单个技术的研究，更加倾向于对整个停车系统的研究，包括收费、反相寻车、停车预约以及车位共享等。

图 2-2 示出了智能停车场泊车诱导中国专利申请量发展趋势。智能停车场泊车诱导中国专利申请相比于全球出现较晚，第一件专利申请出现在 2000 年。这主要是由于中国申请人技术起步较晚，并且早期中国汽车行业市场较小，国外申请人对中国市场不够重视。由图 2-2 可以看出，智能停车场泊车诱导中国专利申请量增长趋势基本与全球申请量增长趋势保持一致，并基本上保持逐步增长的态势。由于 2001 年加入世界贸易组织（WTO），各项技术的发展以及经济的增长，中国申请人的专利申请量开始快速攀升，并且在 2010 年之后超过了国外申请人的申请量。

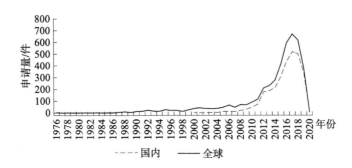

图2-2　智能停车场泊车诱导中国专利申请量发展趋势

（二）全球专利布局分析

图2-3给出了智能停车场泊车诱导领域的专利申请目标地分布情况。前五位分别为中国、日本、韩国、美国和德国，在这五个国家的申请量占全球申请量的95%，在其他国家/地区的申请量仅占全球申请量的5%，可见该领域的专利申请目标地较为集中。其中日本、美国、德国和韩国都是汽车工业较为发达且私人汽车保有量较多的国家，虽然中国的智能停车场起步较晚，但是由于中国的市场巨大，近些年发展迅速。

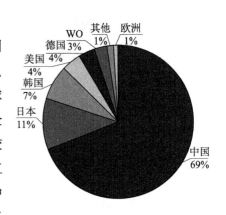

图2-3　智能停车场泊车诱导领域全球专利申请目标地分布

三、关键技术

（一）技术分支

智能停车场泊车诱导技术主要包括车位检测技术和停车诱导技术。在停车场中，车位检测技术用来确定停车位的占用情况；停车诱导技术用来获得到达车位的停车诱导路线，辅助驾驶员进行停车。

车位检测技术通过对车位是否被占用来进行车位使用状态的识别，主要分为基于视觉的车位检测技术和基于传感器的车位检测技术。基于视觉的车位检测技术主要通过摄像头拍摄图像，运用计算机的图像处理技术和图像分析技术来对车位进行检测。基于传感器的车位检测技术主要通过传感器来采集数据，常见的检测方法有超声波检测、红外检测、地磁检测等。超声波检测的原理是记录下超声波发送和接收时的时间差，通过这个时间差来计算距离，从而得到停车位的情况。红外检测的原理是利用发射的红外光束是否被接收器接收来判断是否有车辆。基于地磁传感器的车位检测方法是先在所有车位区域的地面下装入传感器，再根据传感器内的磁场变化来判断车位状态（有车/无车）。

停车诱导技术通常通过显示、导航以及大数据指引等方式来实现，其目的是通过为驾驶员进行路径规划或指引，使其到达预定停车位，节约停车时间，避免在停车过程中浪费过多时间。表3-1列出了智能停车场泊车诱导技术分支。

表3-1 智能停车场泊车诱导技术分支

一级分支	二级分支	三级分支
泊车诱导	车位检测	视频图像检测
		超声波检测
		红外检测
		地磁检测
		其他
	停车诱导	场内显示指引
		场内导航指引
		场外大数据指引

（二）车位检测

车位检测，通过设备监视和数据采集、分析处理等方式检测车位信息，得出被测车位上有无泊车的结果，作为监控中心分析、判断、发布信息以及实现泊车引导的主要依据。因此，车位检测技术是泊车诱导、智能/智慧停车中的关键技术之一，在智能停车场的车位监控、管理和高效运行中起着举足轻重的作用。

车位检测技术主要包括视频图像检测、超声波检测、地磁检测、红外检测、感应线圈检测、微波检测等，如图3-1所示。

每种检测技术各有优缺点，如表3-2所示。

表3-2 常见的几种车位检测技术特点对比

技　术	优　点	缺　点
感应线圈、地磁检测	适应广范围应用 成本低、技术较为成熟 交通压力小 维护成本较低	安装时需要破坏地面 测试区域小 会受到磁环境影响 易损坏
红外检测	施工难度小 安装方便	易受气流影响 检测精度低
超声波检测	测量精度较高 安装调试简单 维修保养方便	稳定性不高 易受气流、温度变化影响 易受到其他物体干扰
视频图像检测	可监视多个区域、大范围检测 安装简单、易于修改和增加检测区域	易受环境影响 成本较大

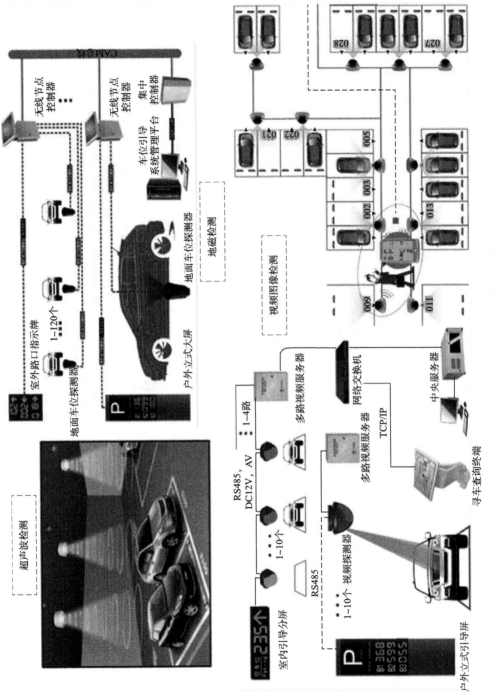

图 3 - 1　常见的几种车位检测装置示意图

本节中，通过对车位检测技术的全球和中国专利状况进行研究，我们分析了该领域目前全球的专利申请趋势、申请来源地、申请目标地、技术构成及发展路线等。从专利角度获得目前车位检测的热点和发展趋势，给相关企业和研究机构提供一定的指导。

1. 技术构成分析

（1）全球专利申请趋势

检测技术的发展为车位检测提供了十分有利的基础。截至 2020 年 5 月 1 日，车位检测在全球的总专利申请量为 1800 余项。其全球专利申请趋势如图 3－2 所示。21 世纪之前，由于汽车工业发展较为缓慢，因此相关专利申请量较少，这一时期的车位检测需求并不高，最初的车位检测主要有称重压力检测、线圈检测和地磁检测等；2000～2010 年，为车位检测的缓慢发展期，这一阶段专利申请量有所增加，伴随着汽车数量的增加以及相关检测技术的发展，超声、红外和视频图像等技术逐渐应用于车位检测中；2010 年以来，全球经济高度发展，汽车数量大大增加，城市停车难问题日益突出，随着图像分析、互联网技术、大数据分析的技术发展，车位检测精度和效率逐渐提高，视频图像检测、多类传感器融合检测等在车位检测中应用更为普遍。

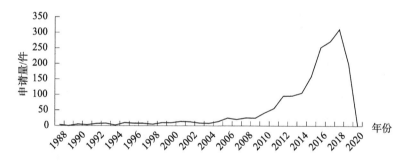

图 3－2　车位检测技术全球专利申请趋势

（2）各分支专利申请分布及趋势

图 3－3 为车位检测技术构成占比。由该图可知，由于视频图像检测法检测范围大、安装维护方便，而被广泛应用于车位检测中，且随着图像处理技术例如图像增强、特征提取等技术的不断发展，视频图像检测越来越受到认可。地磁检测和超声波检测应用也不少，这主要是由于其成本相对较低，且检测精度较高，相对于视频图像检测不易受环境影响，且地磁技术在户外停车场中应用更多，因为户外天气多

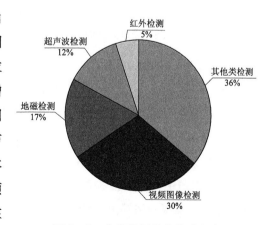

图 3－3　车位检测技术构成占比

变，视频图像检测很受影响。其他类检测占比较多的主要原因是：在进行数据标引时，一些涉及车位检测的技术并未明确提出采用何种检测方法，但其属于车位检测；其他检测方式，如压力、称重、接触开关、线圈检测、微波雷达、光学检测等，也均有一定应用，由于单独涉及这些检测方法的专利申请并不是很多，且其并非检测的主流方式，因此，将该部分专利申请归为其他类；同时，还有一些专利申请，涉及改进车位检测的其他方面，例如，安装方式、数据采集传输等，因为该类文献不能排除在车位检测之外，所以也将其归为其他类检测。

结合图3-4可以看出，在早期，各类检测技术均存在；随着各项技术的发展，视频图像检测的应用越来越多，专利申请量越来越多，在2014年后处于各类检测中的首要地位；超声波检测和红外检测发展平稳，有一定的数量专利申请；地磁检测因检测精度高、成本低也被广泛应用。

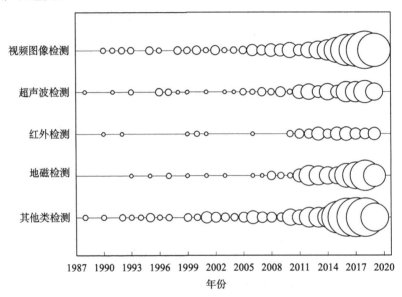

图3-4　各种车位检测技术的申请量对比

注：图中气泡大小表示申请量多少。

（3）主要分支在申请来源地、目标地的分布情况

从图3-5可知，来源于德国、韩国、美国和日本的车位检测领域专利申请中，视频图像检测占据绝大部分；而来源于中国的专利申请中，视频图像检测虽然处于首位，但与地磁检测、超声波检测的专利申请量差距很小。由图3-6可知，在主要目标地的专利申请中，视频图像检测占比最大，在中国，地磁和超声波检测也有一定的份额，且在WO的专利申请中，超声波检测也有一定份额，这说明，超声波技术较为成熟。通过以上分析可知，视频图像检测市场大、研发多，是将来车位检测的研究重点和发展方向。

2. 技术发展路线分析

图3-7给出了车位检测中各项技术的发展路线。

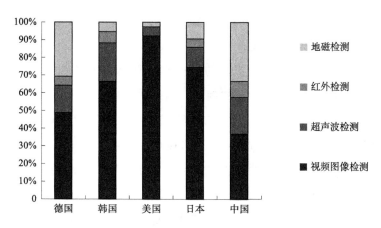

图3-5　车位检测主要分支专利申请在主要来源地的占比

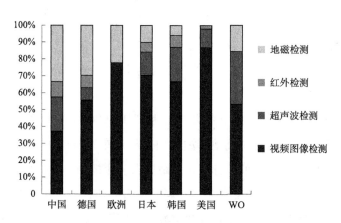

图3-6　车位检测主要分支专利申请在主要目标地的占比

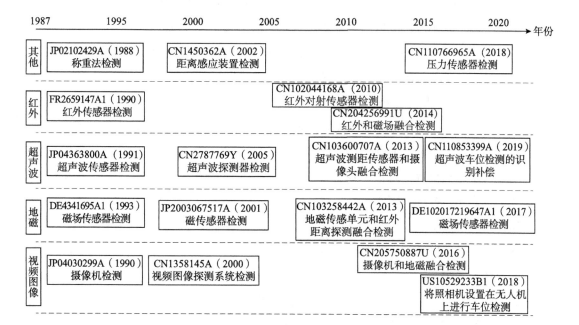

图3-7　车位检测各分支发展路线

1988 年 10 月 11 日，住友集团提交的公开号为 JP02102429A 的专利申请公开了通过称重传感器配合光纤，以实现车位检测。

1990 年 3 月 1 日，STIC SARL 提交的公开号为 FR2659147A1 的专利申请公开了通过设置红外传感器来实现对停车位状态的判断。

1990 年 5 月 28 日，日本电信公司提交的公开号为 JP04030299A 的专利申请公开了基于摄像机对停车场进行拍摄来实现判断停放区域是否为空。

1991 年 10 月 15 日，松下电器提交的公开号为 JP04363800A 的专利申请公开了通过超声波传感器来快速确认停车场中未被占据的车位。

1993 年 12 月 7 日，KUEHL BURKHART DR 提交的公开号为 DE4341695A1 的专利申请公开了利用磁场传感器来检测停车位的占用状态。

2000 年 3 月 38 日，普雷米尔管理合伙人公司提交的公开号为 CN1358145A 的专利申请公开了通过设置视频图像探测系统来监视每个车位，以确定其是否已被占用。

2001 年 8 月 28 日，松下电器提交的公开号为 JP2003067517A 的专利申请公开了利用磁传感器来检测车位。

2002 年 4 月 10 日，翁成钦提交的公开号为 CN1450362A 的专利申请公开了利用感应装置实时感测感应装置与停靠在机动车泊位内的机动车车身的距离，通过测定感应装置与停靠在机动车泊位内的机动车车身的感测距离来监测机动车泊位使用状态。

2005 年 4 月 15 日，佛山市艾科尔电子科技有限公司提交的公开号为 CN2787769Y 的专利申请公开了在停车位中央上方安装超声波车位探测器以实现车位检测。

2010 年 12 月 24 日，苏州艾隆科技有限公司提交的公开号为 CN102044168A 的专利申请公开了通过在车位安装红外对射传感器来检测对应车位的状态。

2013 年 4 月 18 日，中山市路讯智能交通科技有限公司提交的公开号为 CN103258442A 的专利申请公开了通过地磁传感单元和红外距离探测单元，提高检测精度。

2013 年 11 月 6 日，同济大学提交的公开号为 CN103600707A 的专利申请公开了设置摄像头和超声波测距传感器来实现车位检测，提高了泊车位检测的正确率和精度。

2014 年 12 月 19 日，深圳市万泊科技有限公司提交的公开号为 CN204256991U 的专利申请公开了通过设置红外传感器和磁场传感器综合判断车位上方是否存在车辆，从而能够大幅提高车位探测的可靠性和准确度。

2016 年 6 月 3 日，北京精英智通科技股份有限公司提交的公开号为 CN205750887U 的专利申请公开了同时设置摄像机和地磁检测器进行车位检测，提高了对于停车位车位状态检测的准确度。

2017 年 11 月 6 日，罗伯特·博世提交的公开号为 DE102017219647A1 的专利申请公开了利用磁场传感器来确定停车位的占用状态。

2018 年 7 月 25 日，盐城韩信自动化设备有限公司提交的公开号为 CN110766965A 的专利申请公开了利用压力传感器进行空车位识别。

2018 年 9 月 24 日，福特提交的公开号为 US10529233B1 的专利申请公开了将照相机设置在无人机上，以识别车位。

2019 年 10 月 12 日，惠州市德赛西威智能交通技术研究院有限公司提交的公开号为 CN110853399A 的专利申请公开了基于超声波传感器车位检测系统的车位识别补偿方法，以提供更精确的车位识别。

通过分析发现，相关专利申请中，前期主要是称重、压力、地磁等检测技术，而后出现了超声波、红外检测，目前视频图像检测居多。

3. 最新/主导技术分析

车位检测是泊车诱导中的关键一环，只有车位信息准确才能更好地指导停车，解决停车难的问题。在车位检测中，视频图像检测因其监测范围广、安装维护方便而被广泛使用，但其易受环境影响，因此引出一个主要研究方向：如何提高其检测准确度，包括可通过优化图像处理算法提高检测精度，通过融合其他检测技术以弥补其缺点等；另外一个研究方向：在获取车位检测信息之后，如何利用车位检测信息，包括检测信息的传输技术，以及与新型技术的融合，如大数据、云计算、车联网、手机 APP 等，为实现泊车诱导提供支持。

（三）停车诱导

1. 技术构成分析

图 3 - 8 示出了停车诱导各分支的专利申请分布情况，图 3 - 9 示出了停车诱导各分支历年专利申请量。

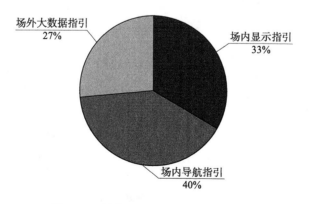

图 3 - 8　停车诱导各分支专利申请分布

可以看出，停车诱导申请以场内导航指引为主，场内显示指引次之，之后是场外大数据指引。究其原因可能是场内精确诱导需求出现较早，以及导航定位的大规模使用使得场内导航指引的申请量最大，而场内显示指引作为一种早期出现的场内停车诱导方式，因其便捷性，申请量也比较多，场外大数据指引作为出现时间最晚的一种技术，申请量较前两者略少，但也可以看出，在2010年之后场外大数据指引的申请量有较大的提升。

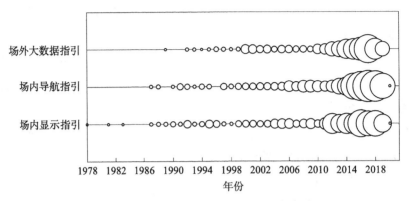

图3-9　停车诱导各分支历年专利申请量

注：图中气泡大小表示申请量多少。

2. 技术发展路线分析

图3-10给出了停车诱导中各项技术的发展路线。

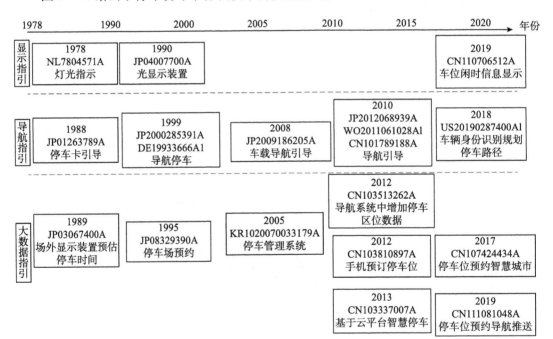

图3-10　停车诱导技术发展路线

1978年4月28日，荷兰HESSEL GOLDBERG公司提交的公开号为NL7804571A的专利申请公开了一种用于停车场的停车指示系统，在每个停车位中都有一个检测器，用于发出信号，通知车辆是否停在该停车位中。它可用于触发与该停车位相关的视觉指示，视觉指示是一盏灯。

1988年4月14日，日本能源服务公司提交的公开号为JP01263789A的专利申请公开了通过停车卡对停车进行引导，当停车卡接近导向的位置时，接收机接收从停车卡发送的信息，将车辆引导至停车位置。

1989年8月7日，东芝公司提交的公开号为JP03067400A的专利申请公开了通过场外的显示装置显示周围每个停车场的预计停车等待时间来引导驾驶员作出正确的停车选择。

1990年4月25日，日立公司提交的公开号为JP04007700A的专利申请公开了通过光显示装置引导停车的停车导向装置，其可以显示停车路线。

1995年6月5日，日本信号股份有限公司提交的公开号为JP08329390A的专利申请公开了一种用于停车场的停车预约装置，其使得用户可以通过预约的方式选择一个停车场。

1999年3月31日，东芝公司提交的公开号为JP2000285391A的专利申请公开了一种用于停车场的车辆导航系统，在停车场进出口的位置处显示行进路径，可以精确和有效地引导车辆至空闲停车区。

2005年9月21日，韩国KT公司提交的公开号为KR1020070033179A的专利申请公开了一种停车管理系统，该系统对多个停车场的停车状态的位置信息和自由空间进行实时显示，将多个道路显示单元安装在道路或建筑物上，中央处理单元具有统一的停车信息数据库和通信模块，停车引导单元与该中央处理单元进行通信获取信息。

2008年2月4日，日本阿尔卑斯公司提交的公开号为JP2009186205A的专利申请公开了一种使用车载导航进行停车引导的方法，其通过车载导航装置为用户推荐合适的停车场区。

2010年，铃木汽车提交的公开号为JP2012068939A的专利申请、西门子公司提交的公开号为WO2011061028A1的专利申请、天津信电科技发展有限公司提交的公开号为CN101789188A的专利申请均公开了通过车载导航或移动终端导航对车辆进行停车引导的方式。

2012年6月19日，北京四维图新科技股份有限公司提交的公开号为CN103513262A的专利申请公开了在导航系统中增加停车区位数据，可以供用户查询相关的停车区位信息，并在导航地图上通过显示或者语音提示方式，随时向用户提供停车区位信息，方便用户停车。

2012年11月13日，西安中科麦特电子技术设备有限公司提交的公开号为CN103810897A的专利申请公开了手机预订停车位系统，该手机预订停车位系统包括了电子地图显示模块、停车位信息显示模块和搜索区域，由管理子系统、查询子系统、车位预订子系统组成。用户需要对停车位进行预订时，开启该系统，进入系统管理平台，通过输入目的地信息进行查询，获取目的地的停车位信息；通过预订系统进行停车位的预订。

2013 年，北京紫光百会科技有限公司和北京百会易泊科技有限公司联合提交的公开号为 CN103337007A 的专利申请公开了一种基于云平台的智慧停车管理和服务系统，其采用分布式数据处理架构，包括：在该系统的总数据中心管理部门设置一个总数据中心服务器集群，在每个区域的数据中心管理部门设置一个区域数据中心服务器集群，总数据中心服务器集群通过通信网络分别与各区域数据中心服务器集群相连，在各城市构建分布式数据库，实时采集并存储各个城市停车场相关的静态数据和动态数据。

2017 年 6 月 21 日，深圳市盛路物联通讯技术有限公司提交的公开号为 CN107424434A 的专利申请公开了一种应用于智慧城市的停车位预约方法及系统，在目标停车位被预约时向车位所属用户下发询问消息，包括车辆标识、单位时间内的停车付费值、停车时长以及是否允许目标停车位被预约的询问信息；在用户指示允许被预约时查询目标停车位对应的预设时间的天气信息并下发给无线终端；在无线终端确定需要预约目标停车位时生成当前车辆位置与目标停车位的停车引导路径并发送给无线终端；在无线终端所在车辆驶离目标停车位时根据单位时间内的停车付费值和车辆在目标停车位的实际停车时间来扣除停车费用。

2018 年 9 月 5 日，京东方公司在美国提交的公开号为 US20190287400A1 的专利申请公开了通过处理器获取车辆的进入位置和身份信息；由处理器确定目标停车位，并根据停车场的当前可用停车位信息和车辆的进入位置为车辆规划停车路线；以及基于车辆的身份信息和停车路线，由处理器控制停车场中的引导装置引导车辆进入目标停车位。

2019 年 10 月 17 日，广州开能智慧城市技术有限公司提交的公开号为 CN110706512A 的专利申请公开了一种车位闲时信息显示方法，显示模块包括静态显示单元和动态显示单元，所述静态显示单元和所述动态显示单元共同指示车位可用时间，可以直观地呈现该车位的车位状态。在车位处于空余状态时，业主可以通过和车位闲时信息显示装置的交互，使所述车位闲时信息显示装置的所述静态显示单元和所述动态显示单元共同指示车位可用时间。

2019 年 12 月 26 日，珠海格力电器股份有限公司提交的公开号为 CN111081048A 的专利申请公开了一种停车位导航方法，其可以获取车辆的停车位预约信息，停车位预约信息包括车辆的身份信息和与车辆的身份信息关联的所预约的目标停车位信息；获取车辆的场外实时位置，根据车辆的场外实时位置判断车辆是否进入停车场的预设距离范围内，当车辆进入预设距离范围内时，生成并推送从车辆的场外实时位置到停车场入口的导航路线，并生成从停车场入口到目标停车位的最短路线；当在停车场入口识别到车辆时，推送从停车场入口到目标停车位的最短路线。这有利于车主快速停车，有利于减少停车场车辆拥堵现象的出现。

由上述分析可知，泊车诱导从早期的简单指引和显示，逐步发展到智能停车导航、诱导和指示，从而可以为人们出行停车提供更为便捷的指引，这也可看出泊车诱导与通信技术的发展息息相关。

3. 最新/主导技术分析

泊车诱导技术的发展与科技的发展息息相关，目前泊车诱导与大数据结合得愈来愈紧密，在道路交通方面，通过大数据的手段获取停车场的空余位置信息，为场外车辆提供有效的停车指引，减少交通拥堵；在场内停车方面，通过预约停车的方式提前锁定空闲车位，采用导航方式前往指定车位，减少停车等待时间，其和通过规划合适路径为用户选择最合适的空闲车位是目前的主要方向。

四、重点申请人

（一）主要申请人分析

从图 4－1 中示出的全球专利申请量排名前十位的申请人来看，申请人主要来自中国、德国和日本。其中中国占据 6 个席位，日本企业有 3 个席位，德国企业有 1 个席位。从企业类型上看，罗伯特·博世是从事汽车与智能交通技术的企业，丰田汽车公司是世界排行第一的汽车生产厂商，电装是世界顶级汽车技术、系统以及零部件的供应商，日本电气公司是电子设备为主的综合企业。国内的北京时代凌宇科技有限公司、西安艾润物联网技术服务有限责任公司、深圳市捷顺科技实业股份有限公司以及深圳市盛路物联通讯技术有限公司主要涉及智慧城市、智能交通领域。

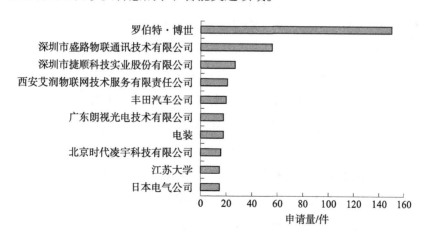

图 4－1　智能停车场泊车诱导全球主要申请人申请量排序

图 4－2 给出了国内申请人类型占比，从图中可以看出，企业的专利申请量占据了国内专利申请量的半壁江山，随着人们停车需求的增加，越来越多从事电子设备、物联网、

人工智能、云计算等技术的企业开始向研发智能停车领域倾斜。大专院校、科研单位也逐渐开始对智能停车进行研究。

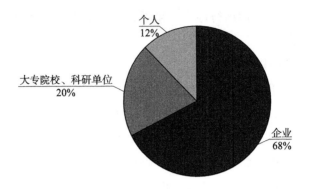

图 4-2　智能停车场泊车诱导国内申请人类型分布

（二）深圳市盛路物联通讯技术有限公司

深圳市盛路物联通讯技术有限公司致力于物联网无线通信技术的研究，其产品广泛应用于智慧城市、智能停车、智能交通等多个行业领域。该公司成立于 2017 年，自 2017 年至今共提交了 56 件与停车场泊车诱导相关的专利申请，其中有 51 件申请在向中国国家知识产权局专利局提出申请的同时向国际局提交申请，有 54 件是关于泊车诱导的，其余 2 件为车位检测相关申请，其专利申请主要集中在比较前沿的车位预约和车位共享方面。

公开号为 CN107170286A 的申请涉及一种车位管理方法及系统，可接收客户端发送来的泊车请求其根据泊车请求查询是否有空停车位，根据驶离时间以及预设的泊车规则为请求泊车车辆选定泊车区域，将选定泊车区域中一空车位的车位编号发送至对应的客户端中，当判断没有空位时，向客户端发送停车位已满信息。

公开号为 CN107170282A 的申请涉及一种预约泊车的调度方法及系统，其对之前的泊车系统进行了改进，提高了引导效率，利用车辆与停车场之间的行车路程和车辆平均车速来确定车辆到达该停车场时间，按照到达该停车场时间的顺序为预约泊车的车辆排序，到达该停车场时间在前的车辆被优先调度泊车。

公开号为 CN107170278A 的申请涉及一种车位共享的方法及服务器，对之前的泊车系统进行了改进，提高了用户停车的体验度，获取包括车位位置、编号、空闲时段的空闲车位等信息，推送信息到终端以便终端用户根据空闲车位信息预约车位，预约成功后，终端则显示预约状态，车辆驶出后，终端则再次显示空闲。

公开号为 CN107195196A 的申请涉及一种停车诱导方法及系统，对之前的泊车系统进行了改进，进一步提高了车位的利用率。无线通信终端将车辆的当前位置以及期望停车时长上报给停车诱导系统，停车诱导系统查找出存在有空闲的目标停车位、目标停车位的剩余出租时长大于并且最接近所述期望停车时长的目标车场，停车诱导系统生成目标车场的入口位置、场内车位位置的诱导路径发送给终端。

公开号为 CN107195194A 的申请涉及一种基于停车位类型的停车诱导方法，对之前的泊车系统进行了改进，提升了驾驶员停车的成功率，停车诱导系统可以识别出每一停车场的空闲停车位的停车位类型，包括非字型、一字型或斜线型停车位中的一种或几种，使驾驶员根据自身停车技能及每一停车场的空闲停车位的停车位类型选择相应的目标停车场。

（三）罗伯特·博世

1. 申请目标地分析

图 4-3 中示出了罗伯特·博世公司在全球的专利申请分布情况，其中在德国的申请量最多，在美国的申请量次之，然后依次是世界知识产权组织、法国和中国。可能的原因是罗伯特·博世是德国公司，同时美国、欧洲和中国是其主要市场，因此，其申请以德国为主，在上述国家/地区有所布局。

2. 历年申请量分析

图 4-4 示出了罗伯特·博世的历年申请量。可以看出，1999~2012 年，申请量较少，2014~2015 年，申请量有了较大提高，至 2017 年申请量达到峰值，此后有所下降。原因可能是在初期通信和传感

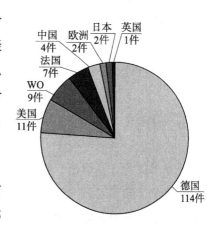

**图 4-3　罗伯特·博世
申请目标地分布情况**

器技术尚未发展成熟，技术限制较多，在 2013 年后，由于传感器、通信以及导航定位技术的发展趋于成熟，停车检测和停车诱导技术的发展也越来越快，技术成熟度也逐渐提高。2018 年之后，申请量降低可能与部分专利申请尚未公开有关。

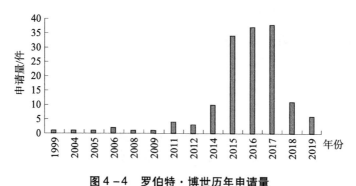

图 4-4　罗伯特·博世历年申请量

3. 重要专利分析

罗伯特·博世 2012 年 12 月 7 日提交了公开号为 DE102012222562A1 的专利申请，其

公开了用于将车辆从起始位置释放到目标位置的空闲停车位的系统，包括以固定方式布置的中央处理单元，用于计算运动路径，车辆以一定速度从起始位置在目标位置自主行驶。它还包括用于将运动路径传递到车辆的传递装置。其具有中央计算单元，可以移动以生成速度指令或将速度指令传输到车辆，从而通过速度指令控制具有不同非零车速的车辆，沿着指定移动路径运动。该专利被引用次数高达230余次，充分体现了该专利的重要性。

（四）小结

由以上数据分析可知，深圳市盛路物联通讯技术有限公司的布局集中，在中国和PCT申请上，罗伯特·博世则在除了德国以外的主要国家/地区均有所布局，这与两家企业的重点市场有关，同时也可以看出，深圳市盛路物联通讯技术有限公司的申请集中在2017年之后，该公司成立较晚，而罗伯特·博世则是汽车领域重要的厂商，相关专利申请早在1999年即有所布局，技术积累有一定历史。

五、结论

随着车辆的日益增加，城市停车越来越困难，带来了比较严重的交通拥堵隐患。针对这种情况，除了增加停车场的数量之外，停车场资源的有效利用也非常关键。对于如何进行停车场资源有效利用，基于大数据来构建智能停车场系统，通过智能停车场系统合理利用停车场空余车位，节约停车时间，降低城市交通拥堵可能成为比较重要的解决方案，也是目前专利申请的热点之一。为了构建智能停车场系统，对空余车位的检测要求越来越高，如何提高视频图像检测的精准度，降低传感器检测的成本，合理利用现有的停车场资源提高车位检测的精度可能将是重要的研究方向。为了提升空闲车位的资源利用率，通过合理的手段实现停车诱导，如采用大数据手段进行停车场的综合管理，为驾驶员提供合理的停车路径规划，推广空余车位的预约使用等方式也是目前的专利申请热点，可以为降低交通拥堵提供较好的解决方案。

参考文献

［1］王建飞. 停车场空位检测系统研究［D］. 贵阳：贵州民族大学，2015.

［2］梅杰. 城市商业区停车诱导关键技术研究［D］. 南京：东南大学，2019.

［3］李博，何鹏举，颜靖艺，等. 基于物联网的停车场内停车诱导系统［J］. 电子设计工程，2019（5）：26－30.

［4］高通，范道尔吉，贾成果，等. 基于机器视觉与RFID智能引导停车场［J］. 计算机系统应用，2017，26（7），71－77.

［5］ JERMSURAWONG J, AHSAN U, HAIDAR A, et al. 基于单摄像机空位检测技术的全天停车需求分析 ［J］. 交通运输系统工程与信息, 2014, 14 (2), 33 – 44.

［6］ 马天旗, 黄文静, 李杰, 等. 专利分析: 方法、图表解读与情报挖掘 ［M］. 北京: 知识产权出版社, 2016.

［7］ MA S D, JIANG H B, HAN M, et al. Research on Automatic Parking Systems Based on Parking Scene Recognition ［J］. IEEE Access, 2017, 5: 21901 – 21917.

［8］ HSU T H, LIU J F, YU P N, et al. Development of an automatic parking system for vehicle ［C］. S. l. : 2008 IEEE Vehicle Power and Propulsion Conference, 2008.

智能制造中的控制系统专利技术综述[*]

——基于机器视觉的质量控制系统

沈育德 尹文杰 田 欣 彭 平

摘　要　在智能制造工厂中，对产品质量的监督控制是非常重要的一环。近年来，基于机器视觉的质量控制系统发展迅猛，在各制造领域得到广泛运用，极大地提高了生产效率，保障了产品质量、合格率。本文介绍了智能制造中基于机器视觉的质量控制系统概况、研究意义及发展方向，以及质量控制系统的原理、技术发展概况和应用场景；分析了基于机器视觉的质量控制系统的全球专利申请状况、专利申请趋势及重要申请人，展示了该技术领域的专利申请总体情况及重点申请人专利布局；重点分析了基于机器视觉的质量控制系统的几个重要技术分支（光源、工业相机/图像传感器、图像处理、检测与控制），得到了各技术分支的发展趋势。最后，进行归纳、总结和分析，得出了基于机器视觉的质量控制系统产业及技术整体结论。

关键词　智能制造　质量控制　机器视觉　图像处理　检测　控制

一、概述

智能制造中涉及的智能控制系统就是在无人干预的情况下能自主地驱动智能机器实现控制目标的自动控制技术。[1]智能控制是具有智能信息处理、智能信息反馈和智能控制决策的控制方式，主要用来解决那些用传统方法难以解决的复杂系统的控制问题。[2]在智能制造系统架构中，智能控制系统起着神经中枢的作用，居于灵魂性的地位。

产品质量是企业赖以生存的根本，是决定企业市场竞争力和占有率的核心因素之一。在智能制造工厂中，对产品的质量监督控制是非常重要的一环。传统的依赖人工或程序化的质量控制系统远不能适应越来越复杂、多样化的制造场景。基于机器视觉的质量控制技术是解决智能制造装备环境感知和自主控制这一技术难题的关键。近年来，基于机

---

[*]　作者单位：国家知识产权局专利局专利审查协作江苏中心。

器视觉的质量控制系统发展迅猛，在各制造领域得到广泛运用，极大地提高了生产效率，保障了产品良率。

（一）基于机器视觉的质量控制系统技术概述

基于机器视觉的质量控制系统，是指采用机器视觉代替人眼来进行检测、测量、分析、判断和决策的产品质量控制系统。机器视觉用可以代替人眼的光学装置和视觉传感器（图像传感器）来对客观世界三维场景进行感知，即获取物体的数字图像，利用计算机或者芯片，结合专门软件对所获取的数字图像进行测量和判断。

基于机器视觉的质量控制系统是一种无接触、无损伤的自动检测系统，是实现设备自动化、智能化和精密控制的有效手段，可以对产品进行自动检测并控制产品质量，具有安全可靠、光谱响应范围宽、可在恶劣环境下长时间工作和生产效率高等突出优点。

机器视觉（Machine Vision），有时也称为计算机视觉（Computer Vision），最早于20世纪60年代提出。然而，由于早期的硬件运算性能不足、图像处理算法不够成熟，机器视觉仅限于某些特定领域，研究相对较少，并未得到广泛运用。最近十多年来，得益于计算芯片性能的飞升和数字图像处理技术的不断进步，机器视觉技术的研究与应用开始突飞猛进。目前，机器视觉软硬件技术不断取得突破，以工业相机、图像采集卡、光源及图像处理软件为核心的视觉产品日益完善，并逐渐应用于电子制造、汽车制造、机械加工、包装与印刷等行业。

一个典型的工业机器视觉控制系统包括：光源、图像传感器（工业相机）、图像采集卡、图像处理单元（工业计算机）、控制机构等，如图1所示。机器视觉检测系统通过适当的光源和图像传感器获取产品的表面图像，利用相应的图像处理算法提取图像的特征信息，然后根据特征信息进行表面缺陷的定位、识别、分级等判别和统计、存储、查询等操作，并由控制机构作出相应的分拣、剔除、打标或装配等动作。在一些场合，图像处理单元可以由二维图像反演计算出工件的三维轮廓特征，输出空间坐标，引导机械手精确定位、加工。

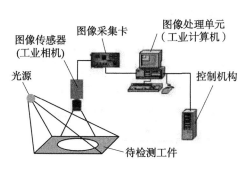

图1　典型的工业机器视觉控制系统[3]

机器视觉与控制系统的融合发展，不断提升制造业智能化水平，逐步应用于各个工业领域。例如，宝马、奔驰公司采用机器视觉技术对焊缝、焊点进行定位，对焊接质量进行评估；西门子、格力等家电工厂采用机器视觉技术对电子元件、线路板进行识别、质量检测；Mapvision公司采用机器视觉控制技术专业从事汽车车身和底盘部件在线检测；Steam公司利用机器视觉控制技术对组装位置进行测量并采用视觉引导进行装配。

未来，企业将加速布局机器视觉的产业化应用，重点研发针对具体产业应用的专用视觉系统，并逐步发展为一般通用系统，通过在加工、装配、检测、包装、物流等环节嵌入机器视觉技术，提高系统集成度，推动智能工厂建设。

基于机器视觉质量控制系统，其技术分支主要可划分为成像、处理、反馈三大一级分支，其中成像部分涉及照明光源和成像部件，处理部分涉及图像处理及缺陷识别，反馈部分则为操作控制。

在本文后面部分，将结合专利检索、统计结果，着重介绍、分析基于机器视觉质量控制系统中的光源、工业相机/图像传感器、图像处理这三个技术分支的发展情况。

（二）专利数据检索及处理

本文针对基于机器视觉的质量控制系统的专利/专利申请进行检索、分析和梳理，以了解全球主要申请人对于基于机器视觉的质量控制系统的研发情况。本文所选取的重点专利文献，主要基于专利申请的时间先后、专利申请人在本领域的地位、非自引用数、影响因子、专利法律状态等方面来进行综合考量。

1. 数据来源

本文关于基于机器视觉的质量控制系统专利申请情况进行综述，以德温特世界专利索引数据库（DWPI）中检索获得的专利文献，作为统计分析的样本。专利文献的检索日期截至2020年5月12日。由于专利申请公布滞后的制度因素，2019年和2020年的专利申请量不能真正体现出真实的申请情况，统计数据不完整。

2. 数据检索

检索关键词主要包括：机器视觉、计算机视觉、相机、摄像机、CCD、CMOS、图像、识别、提取、抽取、处理、算法、特征、质量、缺陷、瑕疵、工业机器人、machine vision、computer vision、camera、image、picture、recognition、analyz +、process、filter、detect、extract、algorithm、character、quality、flaw、defect、blemish、fault。经过基于统计的方法和人工校核，确定了基于机器视觉的质量控制系统涉及的分类号为：G05B 19、G01B 11、G06K 09、G06T 07、B07C 05、B25J 09、B25J 19、H04N。基于分类号和关键词检索得到基础数据，经过数据整理，得到相关专利文献近3700篇，合并同族后约2200项。

二、基于机器视觉的质量控制系统专利申请整体情况

从图2可以看出基于机器视觉的质量控制系统的全球和中国的专利申请随时间变化的情况，该领域经历了萌芽期（1983~2000年）、发展期（2001~2009年）、成长期（2010~2019年），萌芽期时，该领域全球专利申请较少，在10件左右徘徊，中国也仅有1件申请；进入发展期后，全球专利申请逐渐达到百件规模，中国的申请也逐渐增加，然而与全球其他申请人的申请量相比仍有较大差距；进入成长期后，全球专利申请进入快车道，并且中国贡献了大部分的申请量。

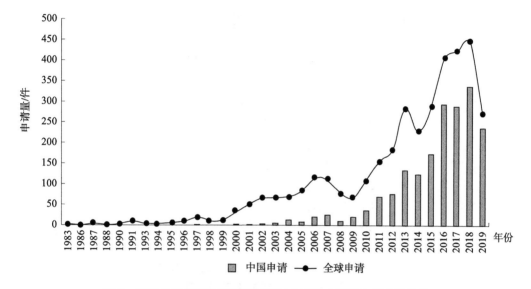

图2　基于机器视觉的质量控制系统全球和中国的专利申请趋势

从图3可以看出基于机器视觉的质量控制系统专利申请的各国/地区的申请量，其中，中国的申请量最大，达到1876件，占61.07%的份额；其次是美国（申请量794件，占比25.85%）；再次是欧洲（申请量194件，占比6.32%）和日本（申请量167件，占比5.44%）。

然而值得注意的是，在中国的1876件申请中，实用新型达到了524件，占28%的份额，且中国发明专利申请人达到670个，缺乏技术优势较为集中的申请人。图4展示了基于机器视觉的质量控制系统中国发明专利申请量大于9件的中国申请人的排名，其均为大学。可见在该领域中，中国的申请量大幅领先于国外，但申请人过于分散，结合下面的图6、图7可知，中国在该领域起步较晚，国内单个申请人的相关申请量小于国外企业，目前缺乏能够与国外巨头相匹敌的创新主体。

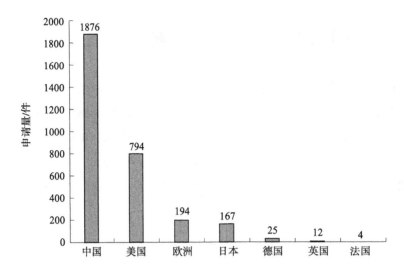

图3　基于机器视觉的质量控制系统各国/地区申请量比较

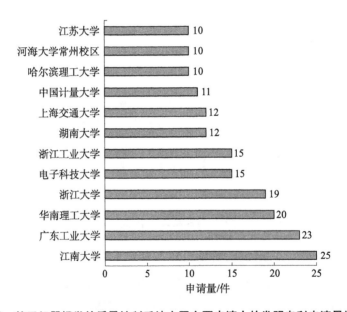

图4　基于机器视觉的质量控制系统中国主要申请人的发明专利申请量排名

　　从图5可以看出基于机器视觉的质量控制系统专利申请的各国/地区申请量趋势，美国、日本和欧洲占据了该领域早期的前三名，并在该领域后续的发展后持续跟进研发，中国则在该领域后期的发展中快速发展，展现了强劲的后发动力，正在奋起直追。

　　图6展示了基于机器视觉的质量控制系统专利申请的全球重要申请人申请量趋势，从图6中可以看出，按申请量排名，该领域的重要申请人为康耐视（Cognex）、英特尔（Intel）、安森美（ON Semiconductor）、美光（Micron）、苹果（Apple）、浙江大学、TrinamiX、三星（Samsung）、广东工业大学、江南大学、中国计量大学、豪威科技（Omnivision）、佳能（Canon）大型跨国企业，我国的专利申请量靠前的申请人主要为各

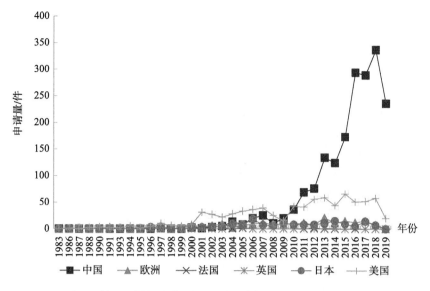

图5 基于机器视觉的质量控制系统各国/地区申请量趋势

大学，国内企业申请量相对较少。其中萌芽期康耐视一骑绝尘，在该领域拥有了绝大多数的申请量；进入发展期，美光相较于其他申请人在该领域进行了重点布局；进入成长期后，基本呈现出百花齐放的局面，中国的申请人（浙江大学、广东工业大学、江南大学、中国计量大学）也开始崭露头角。从整个发展周期来看，康耐视虽然每年的申请量不多，然而其在该领域深耕不缀，相较于其他申请人有着较深厚的知识产权积累。

从图7中可以看出基于机器视觉的质量控制系统专利申请的全球重要申请人专利引用情况，该领域康耐视、美光、安森美、TrinamiX 均有着较高的专利引用数和专利非自引引用数，表明该四位申请人对于该领域有着较深的知识积累，康耐视、美光、安森美均有着较高的被引用量，其中康耐视以 1336 件的非自引被引用量遥遥领先。

图8展示了基于机器视觉的质量控制系统专利申请的全球申请人数量随年份变化情况，从图8中可以看出，与图2相同，全球申请人的数量同样经历了萌芽期、发展期和成长期。

表1展示了基于机器视觉的质量控制系统专利申请的全球重要申请人专利申请情况，从表1中可以看出，从有效专利角度，安森美、康奈视、英特尔、苹果、美光有较多的有效专利，其中安森美和苹果以 75% 的有效专利占比大幅度领先，表明该领域中这两位申请人注重通过专利为市场保驾护航，有着较高的专利质量；从同族专利角度来看，康耐视、安森美、美光和英特尔同样有着较多的同族专利和较高的平均同族专利数，说明这些技术巨头十分重视专利布局；从近五年申请量来看，TrinamiX、广东工业大学和中国计量大学的占比非常高，而安森美、康奈视、英特尔、苹果近五年申请量则相对比较平稳，这表明 TrinamiX、广东工业大学和中国计量大学对该领域的研发力度在增加，同时也表明了安森美、康奈视、英特尔、苹果、美光在该领域的研发力度维持平稳。

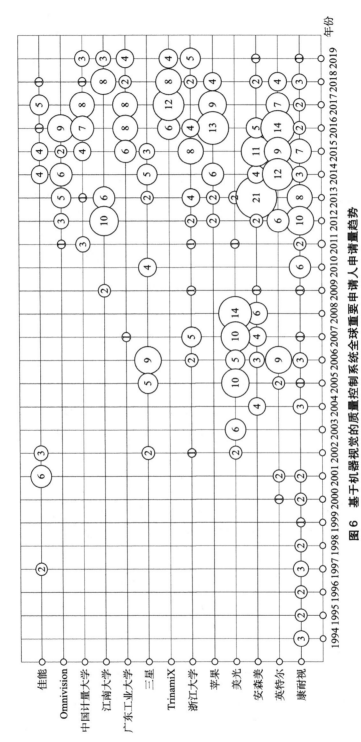

图 6 基于机器视觉的质量控制系统全球重要申请人申请量趋势

注：图中气泡大小表示申请量多少。

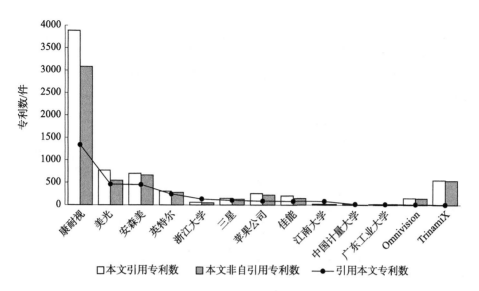

图7　基于机器视觉的质量控制系统全球重要申请人专利引用情况

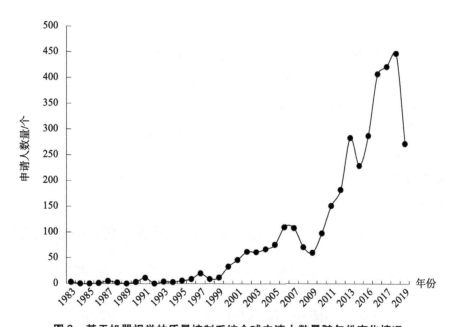

图8　基于机器视觉的质量控制系统全球申请人数量随年份变化情况

表1　基于机器视觉的质量控制系统全球重要申请人专利申请情况

申请人	申请量/项	有效专利/项	有效专利占比	同族专利数/件	平均同族专利数/件	近五年申请量/项	近五年申请量占比
康耐视	70	35	50.00%	365	5.21	15	21.43%
英特尔	66	34	51.52%	128	1.94	34	51.52%
安森美	64	48	75.00%	326	5.09	19	29.69%
美光	50	26	52.00%	142	2.84	0	0

申请人	申请量/项	有效专利/项	有效专利占比	同族专利数/件	平均同族专利数/件	近五年申请量/项	近五年申请量占比
苹果	36	27	75.00%	74	2.06	26	72.22%
浙江大学	34	12	35.29%	10	0.29	19	55.88%
TrinamiX	30	2	6.67%	14	0.47	30	100.00%
三星	30	12	40.00%	116	3.87	3	10.00%
广东工业大学	24	8	33.33%	6	0.25	24	100.00%
江南大学	26	9	34.62%	9	0.35	11	42.31%
中国计量大学	25	7	28.00%	4	0.16	23	92.00%
Omnivision	26	13	50.00%	99	3.81	11	42.31%
佳能	26	10	38.46%	24	0.92	11	42.31%

图9展示了全球重要申请人在中国、美国、日本、韩国、欧洲的专利布局路线及比例，可以看出安森美、美光、三星、TrinamiX、康耐视、苹果、英特尔、佳能的申请量差别不大，五个国家/地区的优先权量差别也不大，然而各个申请人主要流向的申请国为美国，遥遥领先其他四个国家，说明美国的市场是各个申请人普遍看重的；而结合统计出的具体专利文献可知，中国本土申请人（包括高校、研究所、企业）中绝大多数仍然局限于在中国进行专利申请，在中国以外的国家/地区的专利申请量很少，说明国内的申请人对海外专利布局还不够重视。

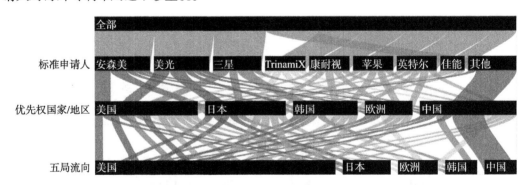

图9　基于机器视觉的质量控制系统全球重要申请人专利流向

三、基于机器视觉的质量控制系统重要技术分支发展路线

基于前面的统计分析结果，进行梳理、分析，可以看出基于机器视觉的质量控制系

统的相关专利/专利申请，基本可归纳为光源、图像传感器与工业相机、图像处理三大技术分支。专利申请量排名靠前的大部分为国外技术巨头，国内申请人中也有部分高校成功挤入全球申请量的前十名，但分析国内各申请人的专利申请/专利，可以发现国内申请人的专利申请量尽管较多，但多数为具体某类特定对象的检测控制方面的应用，所涉及的控制系统的硬件部分未作出明显的改进，仅在特定对象的图像处理方面作了些许改进，如上海交通大学、浙江大学、中国计量大学等高校，在图像处理算法上有一些改进。各高校目前尚缺乏核心的光源、工业相机/图像传感器改进方面的专利/专利申请。尤为值得注意的是，以 25 件申请量而排名国内第一的江南大学，主动撤回的申请高达 14 件，其他高校也有一定比例的撤回量。以下基于筛选出的本领域部分重要专利/专利申请，对基于机器视觉的质量控制系统重要技术分支发展路线作出梳理。

（一）光源技术分析

为了准确获取工件的图像特征，在很多场景下需要光源对工件进行照明，以克服环境光照影响，便于图像传感器能够稳定地获得清晰的图像，使得图像对比度明显，目标与背景的边界清晰，背景淡化而均匀，与颜色有关的还需要颜色真实，亮度适中，不过曝或欠曝。不同的应用场景对光源的需求也是不同的。

在早期，机器视觉经常用于半导体制造领域。为了检测镜面反射类的表面缺陷（半导体芯片表面的非反射性缺陷），诸如微米级的污渍和划痕之类的缺陷，AT&T 贝尔实验室于 1988 年在专利申请 US5311598A 中提出，采用"亮场照明"的方式来进行机器视觉检测。将光引导到芯片的表面来照明芯片，使得光照射基本上垂直于其平面的表面，以便通过表面上的缺陷使光的散射最大化。在这种情况下，缺陷在被照亮时倾向于看起来很黑。通过将表面上的光束引导到与表面平面垂直然后检测与其平面垂直的光的强度来照明芯片的技术被称为"亮场照明"。相反，将光束朝向表面以相对于其平面成锐角然后感测从垂直于其平面的表面反射的光的强度的技术称为"暗场照明"。在该应用中，亮场照明是优选方案，因为由相机捕获的表面的图像比在暗场照明下更亮。

当被观察物体为具有光泽的镜面时，局部照明环境中不均匀性的反射可能会产生误导视觉特征，例如激光蚀刻字母"I"在机器视觉装置上显示为字母"T"。当机器视觉用于检测蚀刻金属表面、反光包装、焊接电路板和其他具有光泽表面的物体时，这种有光泽和不平坦的表面难以照亮以用于准确的视频成像，需要改进观察这些高反射物体所需要的照明光源。

为了解决这样的技术问题，Northeast Robotics 公司于 1995 年在专利申请 US5604550A 中提出：机器视觉相机利用沿着观察轴供给的连续漫射广角光来照亮待观察对象，如图 10 所示。漫射器被安装成平行于观察轴线，但是凹入外壳内，即被分束器完全屏蔽或者与观察孔的相邻边缘隔开足够的距离，以防止来自漫射器的任何光线直接照射要观察的物体表面上的任何兴趣点。漫射器的凹陷防止了漫射器的直接照射，并提供了待观察物体的改善的均匀照明。

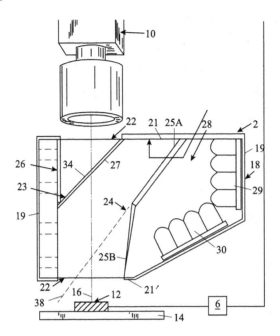

图10　利用连续漫射广角光来照亮待观察对象

参见图11，White 等人于1998年在其专利 US6273338B1 中提出一种提高照明均匀性的光源，该光源具有内反射表面的外壳，设置在外壳上与内反射表面相对、用于将照明聚焦到物体上的菲涅尔透镜，以及设置在菲涅尔透镜上、用于将照明传输到物体并将照明反射到内部反射表面的部分反射式反射器。这样的设计实现了大范围的均匀照明，并且大大降低了成本。该专利文献被他引多达217次，是实现均匀照明的光源方面的基础专利。

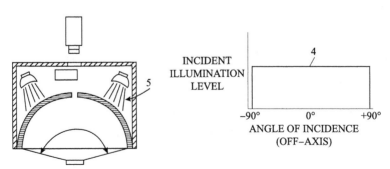

图11　大范围的均匀照明的光源

1999年，康耐视在其专利 US6191850B1 中提出，采用结构光光源照射待测物体。

在该技术中，网格图案和分束器的结构照明器将网格图案投影在物体表面上。投影的网格图案由相机获取，相机与投影同轴对齐并且基本垂直于表面。使用两步法分析由网格图案定义并由相机获取的投影图像，首先对网格的各个特征进行定位和评分，然后将所观察到的实际特征的位置与理想值进行比较。结构化的网格图案使得表面缺陷更加明显。

2001 年，专利 US6207946B1 中公开了一种用于机器视觉检测的自适应照明系统，该照明系统中，照明阵列可被程序控制其光强度，根据被观察的物品的预定数量的照相机像素强度值来计算中值灰度值，以重新调整照明的强度，直到达到具有合适对比度的设置。该专利一方面可以提高图像质量，另一方面还大大提高了照明系统构建的便捷度、灵活性。

2005 年，Advanced illumination 公司在其专利 US7775679B1 中公开了一种用于机器视觉系统的高强度线阵列光源。将高亮度 LED 与可以精确瞄准的次级透镜相配合以补偿 LED 中的公差变化，产生了产生非常均匀的光场的光源。此外，高强度 LED 全部具有与基板紧密热接触的散热器，使得通过较少数量的高功率 LED 即可实现较高的亮度，采用更少的 LED 来照亮被检查物体，如图 12 所示。

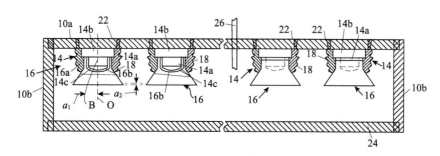

图 12　用于机器视觉系统的高强度线阵列光源

2011 年，Telelumn 公司在其专利 US8021021B2 中提出一种光谱分布特性、光强均可编程控制的光源，该专利使用多个 LED。照明数据包括定义的光谱、时间和空间信息，如图 15 所示。灯具中每个 LED 的强度可以通过驱动电流的脉宽调制（PWM）和幅度调制（AM）的组合来控制。使用照明数据来控制具有不同峰值波长的多个 LED，以此获得期望的光谱分布。该光源可灵活适用于各种机器视觉检测控制场合，通过提供定制化光谱照明，可轻松应对不同颜色的工件，从而提高识别系统的速度和准确性。

2016 年，康耐视在其专利 US10088556B2 中提出一种用于深度成像的空间自相似图案照明装置。使用图案化照明来识别可以用于通过三角测量来测量深度的角度信息，确定物体表面上的一个或多个位置的三维坐标。自相似是指系统的整体和局部的结构或性质具有相似性。在具体实现时，可利用快速傅里叶变换（FFT）算法来计算。

2017 年，康耐视在其专利 US10620447B2 中又提出一种可用于 3D 机器视觉系统的激光线发生器。由于散斑的存在，接收到的光线的不均匀性限制了相机传感器对线的定位精度。在该专利中，通过微电机系统（MEMS）镜或声光调制器（AOM）来使得投射到待测工件表面的线图案的局部相位快速变化，成像散斑图案以高速率变化，在相对较短的曝光时间里，能够获取足够的不相干散斑图案，以显著平均到平滑线并降低散斑对比度。通常，具有两个自由度的镜组件一起使用，以沿第一方向生成线并沿第二（正交）方向扫描物体表面。第一方向以高频扫描，而第二方向则以较高的频率扫描。散斑的减小使激光位移传感器测量轮廓的精度得以提高，如图 13 所示。

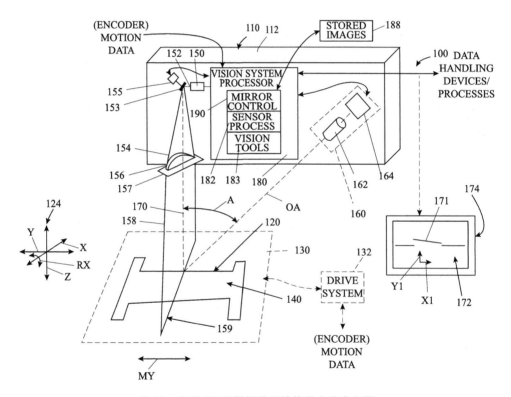

图 13　用于 3D 机器视觉系统的激光线发生器

图 14 中选择部分重要专利简要描绘了光源技术分支发展概况。可以看出，在基于机器视觉的控制系统中，对于光源方面的改进，从早期的单一地提高性能参数，逐渐过渡到开始介入检测对象的特征获取，在检测对象的特征获取方面，光源与工业相机/图像传感器、图像处理存在互相融合发展的趋势。

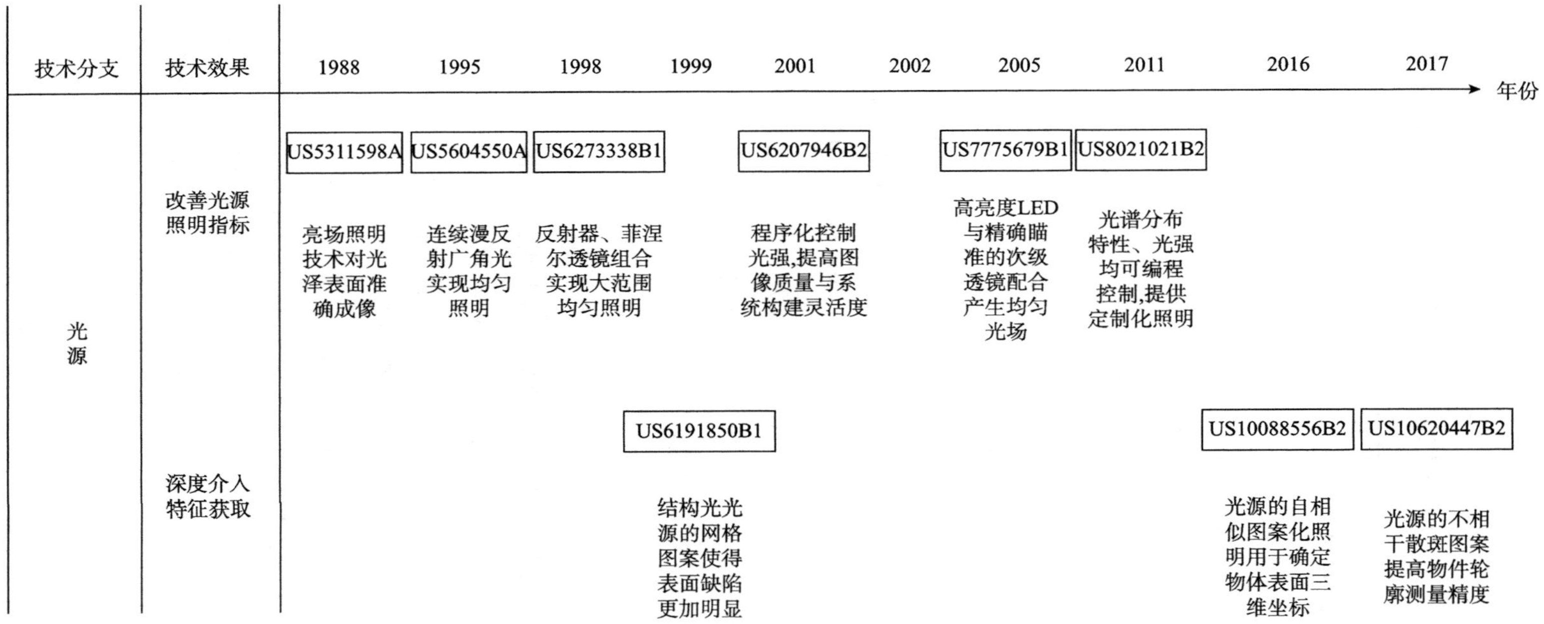

图14 光源技术分支发展概况

（二）工业相机/图像传感器技术分析

在机器视觉控制系统中，工业相机/图像传感器的作用在于捕获待测工件的图像序列，通过图像采集卡传输至后级以供图像处理单元进行工件特征的识别。按照传感器类型区分，有电荷耦合器件（CCD）图像传感器和互补金属氧化物半导体（CMOS）图像传感器两大类。按照成像方式，还可分为线扫描式（线阵相机）、阵列式相机（面阵相机），线阵相机中，像素排列为一直线，面阵相机的像素则呈矩阵式排列。视觉检测中99%应用面阵相机，而少数应用场景中更适合线阵相机，线阵相机在长度方向目前最多有16K像素，但是宽度方向只有一个像素，通过移动来获取图像。

根据工业相机/图像传感器的应用场景，通常从以下几个方面作出改进：提高抗干扰能力、健壮性，包括图像传感器自身像素的缺陷；提高图像成像精度；提高成像效率。

1998年，佳能在专利申请JPH10276305A中提出：为了检查具有多个传输寄存器的CCD图像传感器的故障，多个存储装置存储按时间顺序输出的图像信号以用于传输寄存器的并行输入，将存储装置中的图像信号与先前存储在第二存储装置中的图像信号进行比较，以便找出它们之间的差异。

为了便于机器视觉识别某些待测件的低对比度的特征，如光纤抛光端的斑点、划痕、包层边界缺陷和裂纹，2001年，康耐视在其专利US6983065B1中提出在工业相机上设置具有增量定向角的定向滤波器组，以响应具有近似宽度的定向划痕或裂纹的频率特性。

工业相机/图像传感器在制造过程中会存在一些缺陷，成像阵列的一些像素要么总是暗的，要么总是太亮。传统方法通过在图像处理期间用相邻像素的值替换有缺陷的信号值来校正这些缺陷。然而，这种替换需要知道有缺陷的像素位置。通常做法是在生产阶段的离线测试过程中确定缺陷像素的位置，并将其存储在相机的非易失性存储器中。这种方法的一个缺点是，可以纠正的缺陷数量受专用于此目的的非易失性存储器的大小限制，另一个缺点是需要单独的制造步骤来识别和存储缺陷位置。为解决该问题，2002年，美光在其专利US7893972B2中提出（美光的图像传感器部门后来分拆出并于2008年重新命名为Aptina，目前该专利由Aptina公司持有）：将从图像传感器阵列获得的图像的每个像素与滤波器阵列中的至少8个相同颜色的周围像素进行比较。如果给定像素的信号大于相同颜色的所有8个周围像素的各自信号，则用相同颜色的周围八个像素中的最大信号值替换该中心像素信号的值。类似地，如果给定像素的信号小于相同颜色的所有8个周围像素的各自信号，则用相同颜色的周围8个像素中的最小信号值替换该中心像素信号的值。这种方法完全抛弃了此前专用的非易失性存储器，并避免了识别和存储缺陷位置的步骤。

2005年，三星在其专利KR100703979B1、KR100703978B1中分别公开了提高图像传感器光接收效率的技术，即2共享像素和4共享像素图像传感器。为了满足更高的分辨率，像素的积分度越大，光电转换元件的单位像素面积灵敏度就越小，饱和信号量也越少。因此，应用由读取元件共享的多个光电转换有源像素传感器阵列可以最大化光伏器件的光接收面积以提高光接收效率。

CMOS 图像传感器由于杂质、受热等原因的影响，即使没有光照射到像素，像素单元也会产生电荷，这些电荷产生了暗电流。暗电流与光照产生的电荷很难进行区分。暗电流在像素阵列各处也不完全相同，它会导致固定图形噪声。为了降低 CMOS 图像传感器的暗电流，三星于 2005 年在其专利 KR100690884B1 中提出一种解决方案：图像传感器的有源单元像素包括位于传输栅极下部的铟掺杂层，该传输栅极在光接收元件和浮动扩散区之间传输电荷。制造 CMOS 图像传感器时，将铟注入以在基板表面形成掺铟杂质层，所述光接收元件和所述衬底的浮动扩散区以及形成传输栅极掺铟杂质层之间。这种方法旨在调整沟道区域的势垒特性，相比于此前的掺硼（B）和磷（P），产生了更好的效果，改善了成像质量。

在许多机器视觉检测控制领域，三维（3D）成像的一些应用可能需要工业相机/图像传感器具备立体或深度感测能力。为了生成给定场景的 3D 图像，需要识别工业相机与场景中的对象之间的距离。专利 WO2012110924A1 和 WO2014097181A1 各自公开了一种包括至少一个光学传感器的相机，光学传感器被设计成以传感器区域的照射的方式生成信号。根据所谓的"FiP 效应"，给定相同的照射总功率，传感器信号取决于照射的几何形状，特别是取决于传感器区域上照射的束横截面。检测器还具有至少一个评估装置，该评估装置被指定用于从传感器信号生成至少一项几何信息。

2015 年，TrinamiX 公司在专利 US10412283B2 中公开了一种用于三维成像的结构简单的相机，相机的光学传感器包括纵向光学传感器，给定相同的照射总功率，根据所谓的"FiP 效应"，纵向传感器信号取决于传感器区域中光束的束横截面。此外，给定相同的照射总功率，纵向传感器信号可能取决于照射调制的调制频率。此外，为了能够获取对象的完整图像，可以采用至少一个横向光学传感器，用于确定从对象到相机的光束的横向位置，参见图 15。

为了简化传统三维相机由结构复杂导致空间分辨率降低、成本增加和复杂性增加的问题，2016 年，Semiconductor components industries 公司在其专利 US10158843B2 中公开了具有深度感应功能的图像传感器，其中的像素为深度感测像素，每个深度感测像素包括微透镜，将从成像透镜接收的入射光通过滤色器聚焦到基板的两个光敏区域上。两个光敏区可以对入射光提供不同的和不对称的角度响应，参见图 16。基于深度感测像素的两个光敏区域的输出信号之间的差异来确定每个深度感测像素的深度信息。

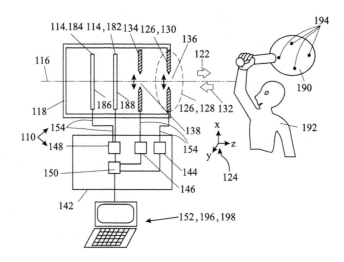

图15　一种用于三维成像的相机

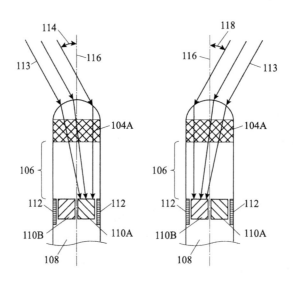

图16　具有深度感应功能的图像传感器

图17中选择部分重要专利简要描绘了工业相机/图像传感器技术分支发展概况。可以看出，在基于机器视觉的控制系统中，对于工业相机/图像传感器方面的改进，从早期单一地提高图像传感器与工业相机的性能参数，逐渐过渡到开始介入检测对象的特征获取，在检测对象的特征获取方面，工业相机/图像传感器与图像处理模块同样存在互相融合的趋势。

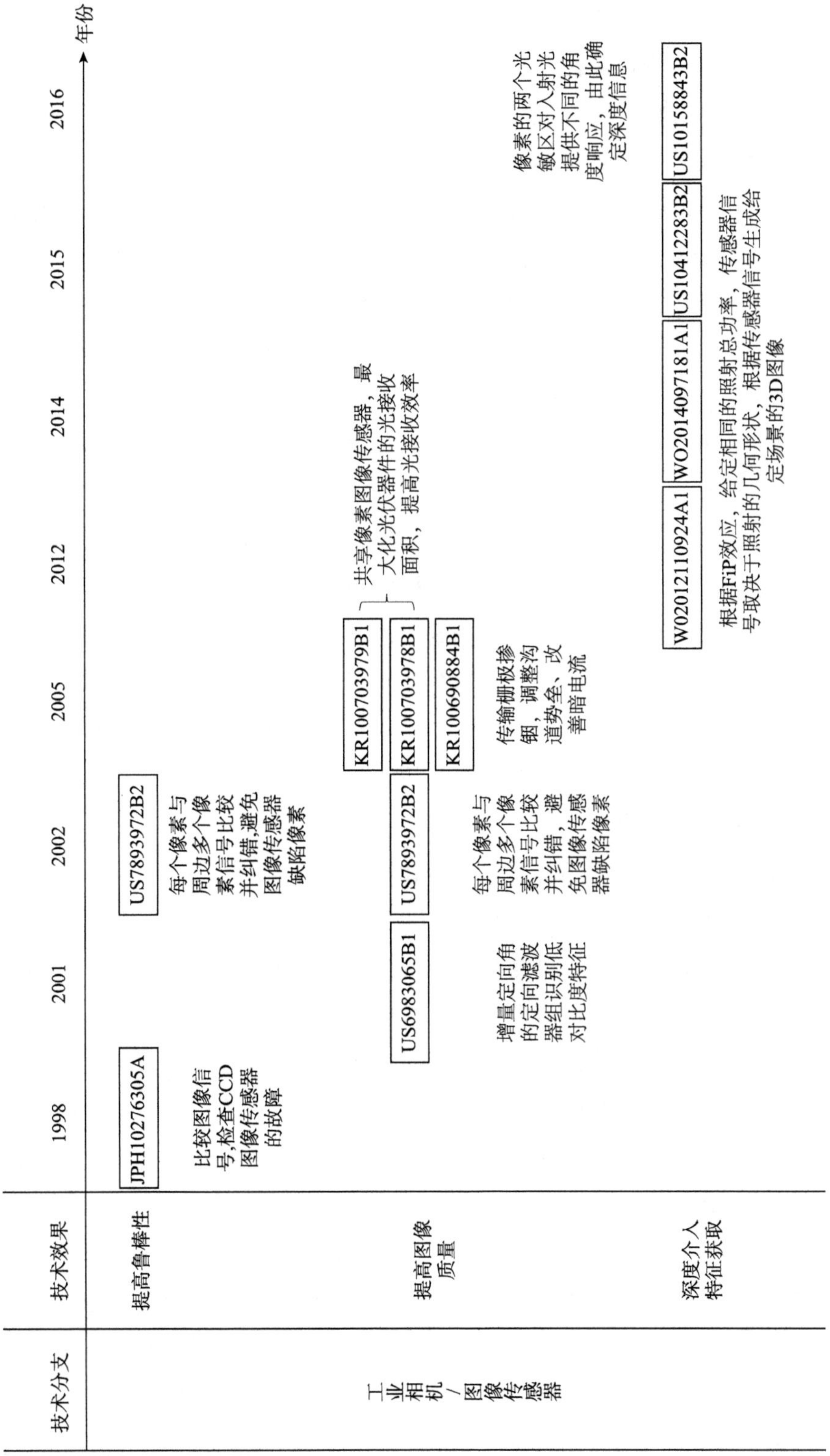

图17 工业相机/图像传感器技术分支发展概况

（三） 图像处理技术分析

在基于机器视觉的质量控制系统中，图像处理是较为重要的环节，目前图像处理主要涉及图像去噪、图像增强以及目标分割。

背光的机器视觉分析较为困难。为此，1997 年康耐视在其专利申请 US5974169A 中提出了一种应用于背光物体的机器检测方法，在图像中找到物体边界上的点，在图像中识别与对象的多个相应边缘中的每一个对应的多个边界框，基于图像中边界上的点的位置和取向以及复数边框的图像中的位置，或者基于对象的边界上对应于对象的边缘的图像中的那些点来确定对象的特征，从而确定对象的边界上的图像中的点与对象的相应边缘之间的对应关系。该方法根据边界盒的紧密性或角度匹配的公差，可以使用直线拟合来消除坏点，便于分析在任何照明条件下生成的图像。

图像增强是有目的地强调图像的整体或局部特性，将原来不清晰的图像变得清晰或强调某些感兴趣的特征，扩大图像中不同物体特征之间的差别，抑制不感兴趣的特征，以改善图像质量、丰富信息量、加强图像判读和识别效果的图像处理方法。2000 年，英特尔在其专利 US6768509B1 中提出了一种摄像机中的图像校准方法，接收由照相机产生的像素阵列，将图像的每个像素分类为浅色或深色，通过识别亮像素与暗像素之间的线来从图像提取轮廓，比较提取的轮廓与形状并且使用所提取的轮廓来识别图像中的已知参考图案的形状，对每个像素进行分类包括将亮度阈值应用于图像的每个像素，将具有大于阈值的亮度的像素分类为亮像素低于阈值的像素分类为暗像素，该方法能够自动确定校准对象图像上的感兴趣点。

图像分割的目的是把图像中目标区域分割出来，以便进行下一步的处理。2007 年，英特尔在其专利 CN101331523B 中提出了一种用于二进制图像分类及分割的方法，使用浮点值的符号来检测不同的子组，检测组中的所有条目是否属于相同的子组，将原始子组拆分成统一的子组，并使用浮点值数组对子组进行分类。产生一组光线来检测光线组中的一致性，确定组中每条光线的起始点和方向，确定该组光线的相干性，并确定一组光线为相干光线，并且确定一组射线作为非相干射线，并且以不同于相干射线组的射线穿过非相干射线组，使用户能够在计算机系统中对二值图像进行快速分类和分割，从而实现全局照明的多种应用所需的实时性。

现场环境、CCD 图像光电转换、传输电路及电子元件都会使图像产生噪声，这些噪声降低了图像的质量从而对图像的处理和分析带来不良影响，所以要对图像进行预处理以去噪。2016 年，苹果在其专利 US9992467B2 中提出了一种并行计算机视觉和图像缩放架构，该架构包括前端部分，该前端部分包括产生更新的亮度图像数据的一对图像信号流水线。视觉管道架构的后端部分从前端部分接收更新的亮度图像，并对更新的亮度图像数据并行地执行缩放和各种计算机视觉操作。该架构能够进行视觉噪声滤波，去除像素缺陷，降低图像数据中的噪声，从而提高后续计算机视觉算法的质量和性能。2018年，苹果在其专利US10375368B2中提出了一种图像数据转换方法，由图像传感器捕获的图像到四平面数据格式的图像数据转换，以增加图像信号处理器与各种图像数据格式的兼容性，该方法通过原始处理级执行传感器线性化、黑电平补偿、固定模式噪声降低、缺陷像素校正、原始噪声滤波、镜头阴影校正、白平衡增益和高光恢复。该装置进行视觉噪声滤波，去除像素缺陷，降低图像数据中的噪声，从而提高后续计算机视觉算法的质量和性能。

图18基于图像处理技术的部分重要专利简要描绘了图像处理技术分支发展概况。其算法改进主要侧重于提高精度、提高图像处理速度、提高图像质量、去除噪声等方面。

四、结语

从机器视觉的质量控制系统专利申请整体情况的分析结果来看，该领域仍然处于成长期。美国、日本和欧洲在该领域起步较早，各主要申请人如康耐视、英特尔、安森美、美光、苹果、TrinamiX、三星、豪威科技、佳能等公司在该领域有着很高的核心专利占有率，且对于国际专利布局有着很高的热度，其专利布局遍及美国、欧洲、日本、中国等主要市场。中国本地的申请人则主要以高校为主，企业的相关专利申请较少，且绝大多数中国申请人仅在国内进行申请。根据专利文献的筛选结果可知，国内各创新主体掌握的核心专利少，专利国际布局力度弱，对于该领域仍需进一步努力。中国在最近几年里的专利申请量超过了国外的申请量，期望能够在该领域的成长期阶段迎头赶上，为实现中国制造2025伟大目标作出技术贡献。

从各分支的发展情况来看，机器视觉的质量控制系统各分支有进一步重叠、融合发展的趋势。光源照明组件、工业相机/图像传感器有进一步深度参与物体三维结构成像、缺陷特征识别的态势，各技术分支之间的耦合度越来越深，难以明显地割裂开。技术的融合发展，也使得基于机器视觉的质量控制系统，识别率越来越高、识别速度越来越快，质量控制系统操作越来越准确可靠。同时在图像处理方面，随着机器学习的应用，对于各种应用场景的缺陷特征的识别与分类，也越来越智能化、越来越精确。具体到光源技术分支，均匀化照明、光谱定制化、自适应性等方面，国外企业已经做得较为完善，这方面留给中国申请人的机会较少；而光源照明组件、图像传感器与工业相机深度参与物体三维结构成像、缺陷特征识别方面正方兴未艾，中国申请人在这方面仍可大有作为。对于图像处理，由于基于机器视觉的质量控制系统需要适配种类繁多的应用场景，各种应用场景的特性也千差万别，中国申请人在相关软件算法方面，也完全有机会挤占一席之地，存在众多突围的方向。

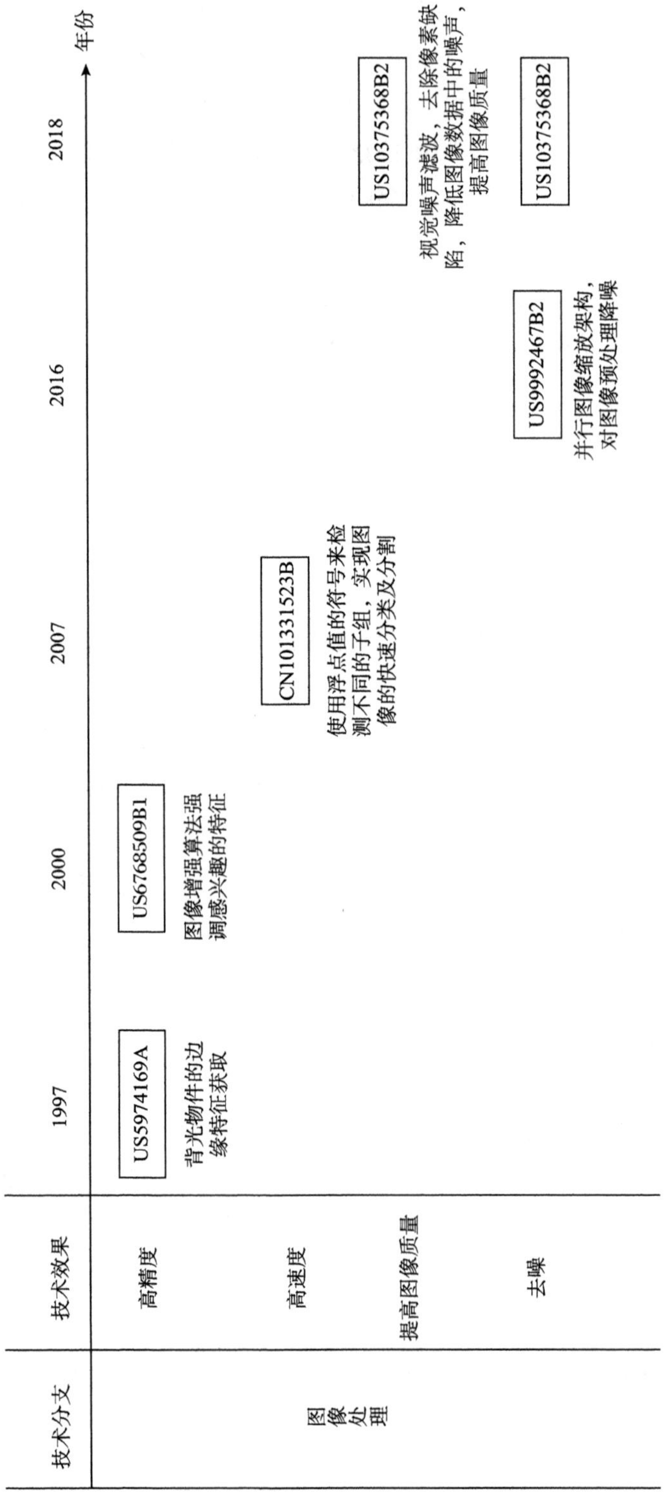

技术分支	技术效果	1997	2000	2007	2016	2018
图像处理	高精度	US5974169A 背光物件的边缘特征获取				
	高速度		US6768509B1 图像增强算法强调感兴趣的特征			
	提高图像质量			CN101331523B 使用浮点值的符号来检测不同的子组，实现图像的快速分类及分割		US10375368B2 视觉噪声滤波，去除像素缺陷，降低图像数据中的噪声，提高图像质量
	去噪				US9992467B2 并行图像缩放架构，对图像预处理降噪	US10375368B2

图 18　图像处理技术分支发展概况

应当努力避免各类创新主体，高校、企业各自为战的局面，加强产学研一体化、深度合作，方有广阔的发展空间。为了实现智能控制的智能信息处理、智能信息反馈和智能控制决策的控制方式，解决智能制造装备环境感知和自主控制的关键技术难题，基于机器视觉的质量控制系统的发展是至关重要的。相信在不久的将来，随着中国各创新主体加大在该领域的研发投入，期待能打造出具有国际竞争力的制造产业，极大提升我国的经济竞争力。

参考文献

［1］王湛. 浅谈智能控制及其应用［J］. 中国新技术新产品，2013（17）：33－34.

［2］SARIDIS G N. Analytic formulation of the principle of increasing precision with decreasing intelligence for intelligent machines［J］. IFAC Proceedings Volumes，1988，21（16）：529－534.

［3］工业机器人的眼睛视觉系统构成［EB/OL］.（2020－04－10）［2018－12－14］. http：//jqsj. gkzhan. com/news/5713. html.